《中国大百科全书》普及版

WENMINGZHIGUANG SHIJIEKEJIFAZHANJIANSHI

文明之光

世界科技发展简史

中国大百科全书出版社

图书在版编目（CIP）数据

文明之光：世界科技发展简史／《中国大百科全书》普及版编委会编．—北京：中国大百科全书出版社，2019.2

（中国大百科全书：普及版）

ISBN 978-7-5202-0454-5

Ⅰ.①文… Ⅱ.①中… Ⅲ.①自然科学史－世界－普及读物 Ⅳ.①N091-49

中国版本图书馆CIP数据核字（2019）第028729号

总 策 划：刘晓东　陈义望
策划编辑：程忆涵
责任编辑：程忆涵
责任印制：邹景峰　李宝丰
出版发行：中国大百科全书出版社
地　　址：北京阜成门北大街17号　　邮编：100037
网　　址：http：//www.ecph.com.cn　　Tel：010-88390718
图文制作：北京鑫联必升文化发展有限公司
印　　刷：北京九天鸿程印刷有限责任公司
字　　数：85千字
印　　数：5001～8000
印　　张：7.5
开　　本：710×1000　1/16
版　　次：2019年2月第1版
印　　次：2020年10月第2次印刷
书　　号：ISBN 978-7-5202-0454-5
定　　价：25.00元

前言

《中国大百科全书》是国家重点文化工程，是代表国家最高科学文化水平的权威工具书。全书的编纂工作一直得到党中央国务院的高度重视和支持，先后有三万多名各学科各领域最具代表性的科学家、专家学者参与其中。1993年按学科分卷出版完成了第一版，结束了中国没有百科全书的历史；2009年按条目汉语拼音顺序出版第二版，是中国第一部在编排方式上符合国际惯例的大型现代综合性百科全书。

《中国大百科全书》承担着弘扬中华文化、普及科学文化知识的重任。在人们的固有观念里，百科全书是一种用于查检知识和事实资料的工具书，但作为汲取知识的途径，百科全书的阅读功能却被大多数人所忽略。为了充分发挥《中国大百科全书》的功能，尤其是普及科学文化知识的功能，中国大百科全书出版社以系列丛书的方式推出了面向大众的《中国大百科全书》普及版。

《中国大百科全书》普及版为实现大众化和普及化的目标，在学科内容上，选取与大众学习、工作、生活密切相关的学科或知识领域，如文学、历史、艺术、科技等；在条目的选取上，侧重于学科或知识领域的基础性、实用性条目；在编纂方法上，为增加可读性，以章节形式整编条目内容，对过专、过深的内容进行删减、改编；在装帧形式上，在保持百科全书基本风格的基础上，封面和版式设计更加注重大众的阅读习惯。因此，普及版在充分体现知识性、准确性、权威性的前提下，增加了可读性，使其兼具工具书查检功能和大众读物的阅读功能，读者可以尽享阅读带来的愉悦。

百科全书被誉为“没有围墙的大学”，是覆盖人类社会各学科或知识领域的知识海洋。有人曾说过：“多则价谦，万物皆然，唯独知识例外。知识越丰富，则价值就越昂贵。”而知识重在积累，古语有云：“不积跬步，无以至千里；不积小流，无以成江海。”希望通过《中国大百科全书》普及版的出版，让百科全书走进千家万户，切实实现普及科学文化知识，提高民族素质的社会功能。

2013 年 6 月

目录

第一章　现代社会的基石——科技发展史

科学技术是人类生存发展的物质精神基础，其历史是人类认识和利用物质变化、能量转换和信息控制的历史。各文明圈不同自然条件和文化背景下产生和发展的科学技术，通过传播交流推动着整个人类文明进步。在科技推动下，人类社会发展大体上经历农业文明和工业文明两个时代，当今世界正处在向着以研究开发和持续发展为主导的生态文明转变的关键时期。

[一、农业文明时代]

在长达数十万至数百万年的蒙昧时期，人类先祖主要是靠石器制造、火的利用和简单编织三项基本技术发明，以采集和游猎寄生于动植物之中。在距今几万至一万年前，由于语言、弓箭、制陶的发明，人类开始走出蒙昧时代。耕牧、纺织、建筑、服乘和冶金这五类伟大的技术发明，从根本上改变了人类对自然的寄生关系，作为支撑技术为农业文明的发展奠定基础。

大约在公元前35 ~前15世纪，以城市兴起为标志的诸古文明相继进入兴盛时期。这些早期的城市文明一直到公元前6世纪大体多属于青铜文化的前古典的王国文明时期，其中最著名的是古巴比伦、古埃及、古印度和古中国四大文明古国。

西亚两河流域文明始创于苏美尔人。他们在公元前43世纪开始农耕；在公元前40世纪开始在泥板上刻画图形文字；在公元前35世纪建造塔式神庙；在公元前27世纪已能制造47米长的木船；在公元前25世纪建立度量衡标准。古巴比伦帝国使两河流域文明极盛300多年，著名遗物是汉穆拉比的《法典柱》和几万块泥板文书，从中可知古巴比伦人已有把一年365天分为12个月，并以闰月调整的历法；已知几百种动植物，并发明人工授粉方法；已发明制造铜铅釉药的方法；已运用60进制的位值计数法和进行四则运算，并解多元高次方程、计算三角形面积和圆柱体体积。

北非尼罗河流域的古埃及文明至少可追溯到公元前50世纪。他们在公元前43世纪创造一年365天的太阳历；在公元前30世纪亚麻纺织技术已经相当高超，并开始建造大水坝和制作木乃伊；在公元前27世纪开始建造金字塔，并发明象形文字和书写文字的纸草纸。从遗留下来的纸草数学书可知，公元前27世纪古埃及人已经懂得四则运算、分数、比例以及简单的几何形体面积和体积的计算。公元前16世纪一部纸草医书表明，那时的古埃及人已经掌握许多病状及其治疗

古埃及塞加拉墓葬浮雕（摹本），公元前25世纪古埃及人已能烤鹅、制造糖果

方法，并懂得一些解剖学、生理学和病理学的知识。

印度河流域的古印度文明在公元前 40 世纪进入新石器时代，在公元前 35 世纪进入原始农业时代。在公元前 30 ~前 18 世纪，达罗毗茶人在印度河流域发展城市文明。达罗毗茶人还使用一套迄今尚待辨认的文字，在农业、天文、医药等方面也有不少建树。大约在公元前 18 世纪中叶印度河流域文明突然灭绝，大约在公元前 15 世纪迁徙到这里的雅利安人重新发展出以《吠陀经》为代表的文明，随着向南拓殖而于公元前 5 世纪在恒河流域形成以《奥义书》为代表的古典文明。

1 万年前现今中国的广大领域已经进入了新石器时代，在公元前 40 ~前 30 世纪中国进入城市文明和传说时代。公元前 25 世纪，中国人开始有组织地观察天象。公元前 21 世纪，大禹治水。公元前 11 世纪，形成阴阳观念。公元前 8 世纪，产生“气”的观念。公元前 6 ~前 3 世纪，原始的五行观念发展成五行学说，不同学派的思想观念在百家争鸣中经历理性重建，人格神的天命观转向理性的天道观，并出现了则天说、助天说、制天说等反映人与自然关系的思想理论。自此“人性”“物理”分途而治，生成论、感应论、循环论等宇宙秩序原理亦被提出，为中国传统科学的产生和形成奠定了理性的哲学基础。这一时期中国文明在技术上也取得了相当高的成就。

大约公元前 6 世纪前后，在印度、中国和希腊首先产生了哲学理性，形成三足鼎立的文明中心。当时印度恒河流域处在列国时期，中国黄河流域处在诸侯纷争的春秋战国时期，希腊城邦处在伯里克利统治下风雅的雅典时期。古希腊人和古中国人的贡献奠定了欧亚大陆文明的东西方格局，但只有古希腊文明成为以后近现代科学的直接源头。后起阿拉伯和拉丁欧洲文明承担了东西方文化交流的历史重任，完成了科学从古代到近现代的传承。

古希腊文明的源头可追溯到公元前 60 世纪的克里克岛。公元前 15 世纪古希腊文明已有音节式的文字，在公元前 8 世纪又创造字母式的拼音文字。由于柏拉图在公元前 5 世纪兴建学园，古希腊成为地中海地区的学术中心。古希腊人最早达到从实用到学理的转变，即从运作程式上升到严格推理的追究，如关于几何难题的讨论、天体运动的几何学讨论、物质结构始基的讨论。其对科学的贡献主要是，为近现代科学的发展奠定科学方法论基础和开创公理化理论模式：德谟克利特创立的原子论经伊壁鸠鲁和卢克莱修的传承形成了一个构成论的方法论传统；亚里士多德创立的三段论法和归纳–演绎法，通过欧几里得《几何原本》、阿基米德《论浮体》和托勒玫《天文学大成》等理论范例，对近现代科学的形成和发展产生深远的影响。

生活在阿拉伯半岛上的游牧民族，由于穆罕默德创立伊斯兰教而迅速进入文明时代，在 7 世纪建立一个地跨亚、非、欧三大洲的阿拉伯帝国。阿拉伯帝国在 8 世纪中叶以后分裂为阿拔斯王朝、后倭马亚王朝和法蒂玛王朝。阿拔斯王朝第七代哈里发麦蒙在巴格达建立“智慧之宫”（830），波斯、叙利亚、埃及、印度等国的学者云集在这里。学者们把众多希腊哲学和科学文献翻译为阿拉伯文。古阿拉伯文明不仅传承了希腊科学，也是沟通东西方科学技术的桥梁，中国的四大发明和许多技术成果大多是经他们传到欧洲的。

秦汉时期中国完成了许多重大技术发明，并在新道家和新儒家思想影响下，以阴阳、五行学说和元气论为哲学基础形成了算学、天学、舆地学、农学和医学五大学科范式。此后，在 5 世纪中叶到 6 世纪中叶的新道家思想解放运动、11 世纪的新儒学理性精神和 16 世纪中叶到 17 世纪中叶的实证实学思想的影响下，中国传统科学技术的发展出现了三次高潮。清初以后，中国科技传统方向发展受阻，被动地走上移植产生自欧洲的科学的道路。

使用拉丁语的西罗马帝国于 476 年解体之后，在 9 世纪大体形成现代欧洲的格局。从 1085 年攻陷托莱多到 13 世纪中叶，科学文化通过翻译运动转移到拉丁欧洲，托莱多和西西里岛是两个最重要的翻译中心。在托莱多主要是通过希伯来语和西班牙语的转译把阿拉伯文献翻译成拉丁文。在西西里岛则直接把希腊文译成拉丁文。此后，由于托马斯•阿奎那把亚里士多德的哲学引入基督教神学，使亚氏影响延续到 15 世纪末，以及培根对实验科学的提倡，使得阿拉伯的实验精神和中国的技术经验输入欧洲。这一时期发生的重要事件还有哥伦布到达美洲

（1492）与麦哲伦完成环球航行（1519），这些因素为后来欧洲工业文明的兴起奠定了基础。

整个农业文明时代的生产技术主要是以直观经验为基础形成的。在农业文明时代的诸多技术发明中，金属的发现、冶炼、加工和使用对提高农业生产力方面起了关键的作用。由于铜、青铜（铜锡合金）、铁和钢的出现，导致金属工具替代石制工具。维持一个人的生存，在渔猎和采集时代需要几千亩地，在使用木石农具的刀耕火种时代需要几百亩地，而到铁犁牛耕的时代则只需要几亩地。金属工具对农业具有革命的意义，推动了人类社会从蒙昧到文明的转变，因而称之为“金属革命”。

[二、工业文明时代]

15 世纪前后发轫的文艺复兴、16 世纪前后开始的宗教改革和 17 世纪前后兴盛的科学革命是开启欧洲近现代社会的三大潮流。

文艺复兴复活了的古希腊科学，在理论思维和工匠实践的相互作用中形成新的科学范式。新科学范式及其哲学思想的传播，导致英国的产业革命、法国的政治革命和德国的哲学革命，使 18 世纪成为人类理性化的伟大世纪，并为 19 世纪科学技术的惊人发展创造了经济的、社会的和思想的条件。化学原子论、热力学、电磁场理论和生物进化论等理论的创立，代表着物理科学和生命科学都进入理论科学的时期。源于实验室和科学原理的技术形成了产业的主导技术群。煤炭、石油和电力作为主要能源，钢铁、水泥、塑料、纤维和橡胶作为基本材料，热机、电机、车床作为骨干机械，支撑着工业文明。特别是望远镜、显微镜、温度计、机械钟和空气泵等发明为科学研究提供了有力的技术手段，使人类认识深入到原子、细胞和银河系，发现电磁波和物种的起源，为人类进入新的文明时代提供了条件。

波兰天文学家哥白尼的《天体运行论》和比利时解剖学家维萨里的《人体构造论》在1543年出版，揭开了科学革命的序幕。此后，从伽利略的理想实验方法到笛卡儿的推理方法所开辟的“假说－演绎”传统和从培根的经验主义方法到惠更斯的实证方法所开辟的“实验－归纳”传统，在牛顿手里实现了综合，从而奠定了实验科学的方法论基础。由科学的宇宙观和实证的方法论支撑的科学革命，其标志性科学成果是牛顿的《自然哲学的数学原理》和《光学》。

科学革命是一场深刻的思想革命，哲学家、人文学者寻求以科学理论为基础解释世界。法国狄德罗、伏尔泰等引进英国牛顿科学和洛克哲学，把解放自然力的工业革命精神推广到民族解放与自我解放，引发了1789年法国大革命。德国康德调和牛顿的力学自然观和莱布尼茨的形而上学自然观，在《自然通史和天体论》中提出星云说。人文学者的著作又为科学的新发展奠定了哲学基础。在新的哲学思想影响下，法国布丰的《博物志》、拉马克的《动物哲学》，英国莱伊尔的《地质学原理》等都不同程度地表达了进化的思想，英国达尔文集其大成，在《物种起源》中以“自然选择”说明生物进化，使生物学成为科学。生物进化论的影响远远超出了科学领域，在世界观方面引起了一场重大变革。

在文艺复兴时代，机械印刷技术的发明引发大批技术著作出版，有力地推动了机械技术的发展。蒸汽机经过英国瓦特的改进，得以广泛应用，成为工业的主要原动机。此后，热力学作为蒸汽机的理论基础，不仅为蒸汽机的改进提供了指导，而且促进了内燃机和汽轮机的实用化。热机作为原动机的适用范围也不断扩展，如蒸汽机车、蒸汽卷扬机、蒸汽锤、蒸汽轮船和汽车等。

瓦特

电能与机械能之间的相互转换源于电磁学实验。1820年丹麦的奥斯特在静电测量的基础上发现电流，1810年意大利的伏打发明可实用的伏打电堆。此后，在一系列电磁定律被发现的

18世纪70年代生产瓦特蒸汽机的工厂

基础上，英国法拉第和麦克斯韦完成电磁场理论，电力和电信方面的技术运用也应运而生，如灯泡、电话的发明。在电力方面，可实用的蓄电池、发电机、电动机先后被制造出来。在电信方面，可实用的电报、电话、电话交换台也先后被制造出来。这一切都表明科学转化为生产力的能力。

爱迪生1879年发明
第一只白炽灯泡

1892年贝尔亲自接通
纽约—芝加哥的长途电话

[三、生态文明时代]

进入20世纪，科学技术的发展继续更新着人类对世界的认知，从征服自然到与自然和谐相处，这一时期可称为生态文明时代。

意大利人马可尼与他在1896年发明的无线电报装置

19世纪末20世纪初，科学内部实验和理论的矛盾以及理论内部的逻辑不协调引发了一场物理学革命。普朗克提出的量子论和爱因斯坦提出的相对论，成为人类认识自然的新研究纲领。在新研究纲领指导下完成的物质结构的夸克模型、宇宙演化的大爆炸模型、地壳运动的板块模型、遗传物质核酸分子的双螺旋结构模型和认知活动的图灵计算模型等，在自然系统的不同层次上刷新了人类认识的科学图像。这不仅丰富和加深了人类对种种自然现象的理解，而且为火箭发动机、核反应堆、电子计算机、激光器和生物芯片等划时代的关键技术发明提供了科学原理。这场革命不仅为20世纪科学技术的发展奠定了基础，而且导致高投入、高风险和高效益的新经济形态形成，并使以信息技术为核心的新技术体系出现，催生了以和谐生态为核心的新人生观，还推进着新的产业革命与新的思想革命。因为新的时代以生态和谐为核心理念，所以称之为生态文明时代。

相对论和量子力学使科学真正进入到微观机制与宏观过程相结合的水平，从而为整个科学技术的发展开辟了新纪元。20世纪的物理科学深入到原子核内，生命科学深入到细胞核内，思维科学深入到脑神经元内。物理的、生命的和思维的非线性复杂系统研究逐渐成为科学家所关注的焦点，微观机制和数学方法越来越成为理解宏观经验不可或缺的基础。向宇观领域扩展的探索，正在逼近宇宙的边缘和时间的原点，物理的、化学的和天文的研究已经融通在理解宇宙物质进化链条的统一方向之中，最大的和最小的在这里连接起来。

虽然古希腊哲学家已把原子视为物质结构的最小基元，但直到19世纪初人类才开始确有证据地认识到物质是由原子组成的。到19世纪末，化学已经把物质的结构揭开到分子和原子的层次，同时还总结出元素周期律，创造研究分子构型的立体化学。但揭开原子内部奥秘的是物理学：原子由原子核和电子组成，原子核由质子和中子组成，质子和中子又由夸克组成，微观世界的图景由此为人们所知晓。

在原子结构和量子力学逐渐被世人接受后，科学家们需要做的就是为原来的经验规律找出微观的理论解释。量子化学成功地阐明了化学键的本质，电子转移理论比较好地解释了氧化还原等化学反应。物质的微观结构及其相互作用规律阐明了物态的变化，固体能带理论科学地阐明了导体、半导体和绝缘体的区别，超导电现象作为一种宏观量子现象也为人们所理解，量子辐射理论阐明了光的本质，并为针对遥远天体的研究提供了线索。宇宙物质的演化包含在宇宙的起源和演化过程之中，在这个问题上物理学、化学和天文学已经结合在一起，形成了一门现代宇宙学。大爆炸宇宙理论把宇宙的起源与基本粒子理论联系起来，将量子力学和广义相对论的引力理论相结合，探讨宇宙的极早期阶段。这使人类对物质世界的认识不断深化。

1946年宾夕法尼亚大学制造的第一台电子数字积分计算机（ENIAC）

20世纪下半叶是基于科学的高技术和高技术产业蓬勃发展的时期，微电子芯片、电脑、网络和生物技术等高技术产业成为促进经济变革和社会进步的先导力量。以电子计算机为标志的信息技术，不仅推动了产业结构的调整和管理体制的变革，而且导致了经济全球化发展。诸多跨学科理论和大量新技术原理的涌现，在研究对象和科学方法两个方面拓宽着科学研究的视野，同时在某种程度上，也预示着科学和技术的未来方向。现代高技术的发展进程和现代高技术产业形成和发展的历史相一致，产业化是发展高技术的动力和归宿。20世纪下半叶兴起的工业实验室和高技术产业园区，如美国的贝尔实验室和硅谷，在科学技术产业化发展过程中扮演了重要角色。

第二章　苍穹之间——天文学史

[一、前哥白尼天文学]

天文学是最古老的一门科学，它与人类文明同步起源。约从公元前 3000 年开始，在两河流域（希腊人称此地区为“美索不达米亚”）、尼罗河流域、印度河流域以及黄河流域，先后出现了原始的农业定居区，开始有文字记载，天文学也发展起来，其中以美索不达米亚地区最为突出。

美索不达米亚在今伊拉克境内，从公元前 3000 年左右苏美尔城市国家形成到公元前 64 年为罗马帝国所灭的 3000 年间，虽然占统治地位的民族多次更迭，但始终使用楔形文字，天文学也在持续向前发展，主要贡献有：①创立 60 进位制，分圆周为 360°，每度为 60 分，每分为 60 秒。②建立了黄道概念，分黄道天区为 12 宫，另外还划分了其他一些星座，这些星座名称一直沿用到今天。③以黄昏为一日的开始，以新月初见为一月的开始，以春分为一年的开始，用闰月来调整季节与月份的关系。④对日、月、五星的运动有深入的观察和研究。

天文学从实用技术转变为学术探讨，从运作程式上升到推理和论证，大约是公元前 6 世纪在希腊开始的。希腊早期的两位自然哲学家泰勒斯和毕达哥拉斯都曾到埃及和美索不达米亚长期游历，并在神庙中向祭司问学（当时天文学知识就掌握在这些人手中）。他们与这两个古老文明都有密切的学术渊源，但他们的抽象思维和推理方法却是原始创新，毫无先例。

毕达哥拉斯首先提出地为球形的概念，并且把它放在宇宙的中心，而围绕着它运动的天体，其大小、距离、速度等必须符合简单的数比。这种宇宙和谐思想对后代有深远的影响。他的学生提出地球每天绕“中央火”转动一周的理论，开日心地动说之先声。其后他的另两位学生，又取消了“中央火”，仍然把地球放在宇宙中心，但用地球自转来解释天体周日视运动。亚里士多德对地动思想进行了有力反驳。他以没有发现恒星视差来反对地球绕中央火转动的学说，以垂直向上抛出的物体仍落回原位而不是偏西来反对地球自转学说。亚里士多德提出的这两个难题，直到伽利略的力学兴起和 19 世纪中叶贝塞尔等发现了恒星视差才得以解决。

希腊天文学的高峰不是发生在希腊本土，而是在埃及的亚历山大。亚历山大学派持续了约五个世纪，涌现了一大批杰出天文学家，诸如阿利斯塔克、阿波罗尼奥斯、依巴谷及集大成者托勒玫等。阿利斯塔克有一篇论文《论日月的大小和距离》一直流传到今天，他发现了太阳比地球大得多，并由此提出完整的日心地动说，还解释了人们看不到恒星视差是因为它们和地球间的距离远大于日地距离的缘故。但当时的人们无法接受把地球当作一个行星的看法。因此，还得以地球为中心，沿着圆运动的思路继续前进。后来，阿波罗尼奥斯提出了本轮均轮说，这一学说又由依巴谷（又译喜帕恰斯）继承。依巴谷在发现了太阳周年视运动的不均匀性后，提出偏心圆理论来解释：即太阳绕地球做匀速圆周运动，但地球不在这个圆周的中心，而是稍偏一点。除本轮均轮和偏心圆理论外，托勒玫又提出了“对点”概念，即地球也不在行星和月球的各个均轮的圆心上，而是偏离一段距离。在托勒玫体系中，太阳在均轮上直接绕地球运动；水星和金星的均轮中心位于日地连线上，这一连线一年绕地球转动一周；火星、木星、土星到它们各自本轮中心的直线与日地连线平行，这三颗行星每年绕各自本轮中心转一周。此外，恒星天和这七个天体每天还要绕地自东向西转一周。有了这些假设，再适当地选择各个均轮与本轮的半径比、行星在本轮和均轮上的运行速度、地球对各均轮中心偏离值、各本轮平面与均轮平面的交角等，就可计算日、月、五星的位置。托勒玫把这一套理论写成了一部 13 卷大书《天文学大成》，成为西方天文学经典，一直到 1543 年哥白尼《天体运行论》出版才逐渐被抛弃。

托勒玫

1627 年出版的席勒《星图》中的托勒玫地心说示意图

从托勒玫《天文学大成》到哥白尼《天体运行论》的 1400 年间，天文学在欧洲停滞不前。但从 7 世纪起阿拉伯民族征服了阿拉伯半岛和西南亚，包括外高加索的大部分、中亚的广大地区、埃及和整个北非、比利牛斯半岛和法国南部，建立了许多伊斯兰国家，形成了历史上的“阿拉伯文化”，但阿拉伯文化不仅是阿拉伯民族的贡献，而是这一时期（8 ~ 15 世纪），这一地区内许多民族的贡献，不过都是用阿拉伯文写成的。阿拉伯天文学是从翻译印度和希腊的天文学著作开始的，在其后的发展中主要贡献是对观测精度的提高和计算技术的改进。

巴格达学派（9 ~ 10 世纪）的巴塔尼通过长期观测修正了《天文学大成》中的不少数据，所确定的回归年长度非常准确，成了 700 年后格里高里改历的基本依据，还发现了太阳远地点的进动。他的全集《萨比历数书》（又译为《论星的科学》）是一部实用性很强的巨著，对欧洲天文学的发展有深远的影响。西班牙国王阿方索十世是一位阿拉伯天文学家的学生，但他本人信奉基督教，他对阿拉伯天文学传入欧洲和欧洲天文学的复兴起了很大的作用。他主编的《天文学全集》，共五大卷，收录了阿拉伯世界的全部天文仪器，图文并茂。由他授命主编的《阿方索表》在欧洲风行一时，直到 15 世纪德国天文学家普尔巴赫和雷格蒙塔努斯发现他预告的天象已误差很大，需要进行新的探索。雷格蒙塔努斯于 1474 年在纽伦堡出版了一本新的《航海历书（1475 ~ 1505）》，其中给出了行星每天的位置，这为哥伦布 1492 年发现新大陆提供了条件。

中国是世界上天文学发展最早的国家之一，数千年来积累了丰富的观测资料。它萌芽于新石器时代，可追溯到 4500 年以前，至战国秦汉期间形成了以历法和天象观测为中心的完整而富有特色的体系。这种特点和中国传统天文学由皇家主持有关，而后者是在天人感应和天人合一思想支配下高度的中央集权制所必需的。以元代的授时历为标志，中国传统天文学发展到最高峰。进入明代以后有约 200 年的停滞。万历年间随着资本主义萌芽、实学思潮兴起以及历法失修，社会对天文学产生了新的要求。此时正逢耶稣会士东来，随着西学东渐，中国传统天文学开始同西方天文学融合。

[二、近代天文学]

1543 年哥白尼《天体运行论》的出版，标志着近代天文学的诞生。

哥白尼在书中倡导的日心地动说，虽远可追溯到希腊，近有阿方索十世等为其开路，但成为系统的科学理论，从而引起人类思想上的一场革命，则还是由于他的艰苦努力。他用了很长的时间，经过观测、计算和反复思考，先将他的观点写成一篇《要释》，在朋友中间流传和征求意见，然后写成六大卷的《天体运行论》，到临终前才出版。这部书中人类所居住的地球不再有特殊的地位，它和别的行星一样绕着太阳公转，同时每天自转一周。行星离太阳由近而远的排列次序是水星、金星、地球、火星、木星和土星。只有月球还是围绕着地球转，同时又被地球带着围绕太阳转。恒星则位于遥远的位置上安然不动。

哥白尼

哥白尼的日心体系经过长期而曲折的斗争才得到公认。这是因为，在社会根源方面，它“上下异位，动静倒置，离经叛道”，遭到教会和一切保守势力的疯狂反对；在认识论根源方面，新生事物不完善，还得经过一段时间发展。首先，亚里士多德反对地动说的两条主要理由，哥白尼并没有解决。后来，伽利略于17世纪上半叶建立惯性原理，才正确解释了第二个疑问。1728年，布拉得雷发现光行差，实际上已经回答了第一个疑问，而1837 ~ 1840年，斯特鲁维、贝塞耳和亨德森各自独立地测到恒星视差，才最终解决了这个问题。其次，哥白尼仍因袭前人观点，认为行星和月球运行的轨道是圆形，因而他预告的位置仍和实际不符，还得采用一些本轮、均轮来组合。虽然数目比起当时流行的地心体系少得多，但他推算的行星位置精度依然不太高。

NICOLAI COPERNICI TORINENSIS DE REVOLUTIONIbus orbium cœlestium, Libri VI.

IN QVIBVS STELLARVM ET FIXARVM ET ERRATICARVM MOTVS, EX VETEribus atque recentibus obseruationibus, restituit hic autor. Praeterea tabulas expeditas luculentasque addidit, ex quibus eosdem motus ad quoduis tempus Mathematum studiosus facillime calculare poterit.

ITEM, DE LIBRIS REVOLVTIONVM NICOLAI Copernici Narratio prima

BASILEAE, EX OFFICINA HENRICPETRINA.

《天体运行论》

第谷没有发现地球绕日运动造成的恒星视差现象，又认为哥白尼日心体系无法同《圣经》相调和，因而提出了一个折中体系：所有行星绕着太阳转，太阳又携带着它们绕地球转。不过，第谷是一位杰出的天文观测者，他认为三家学说的最后结局只能由更多、更好的观测来检验。他的继承者开普勒在分析他留下来的大量观测资料时发现，对火星来说，无论用哪一家学说都不能算出与观测相符的结果，虽然这差异只有8分，但他坚信第谷的观测结果。因此他推测“行星做匀速圆周运动”这一传统观念可能是错的。他用各种不同的圆锥曲线来试，终于发现火星沿椭圆轨道绕太阳运行，太阳处于椭圆的一个焦点上，这一图景和观测结果符合。同时他又发现，火星运行的速度虽是不均匀的，但它和太阳的连线在相等的时间内扫过相同的面积。这就是他发现的关于行星运动的第一、第二定律，刊布于1609年出版的《新天文学》中。10年后，他又公布了行星运动的第三定律：行星绕日公转周期的二次方与它们的椭圆轨道半长轴的三次方成正比。

开普勒

开普勒关于行星运动三定律的发现，正如他自己所说："就凭这8分的差异，引起了天文学的全部革新。"它埋葬了托勒玫体系，否定了第谷体系，奠哥白尼体系于磐石之上，并带来了万有引力定律的发现。哥白尼曾经说过，地之所以为球形，是由于组成地球的各部分物质之间存在着相互吸引力，他相信这种力也存在于其他天体之上。开普勒也曾想过，可能是来自太阳的一种力驱使行星在轨道上运动，但他没有提供任何说明。牛顿则用数学方法率先证明：若要开普勒第二定律成立，只需引力的方向沿着行星与太阳的连线即可；若要开普勒第一定律成立，则引力的强弱必须与太阳和行星距离的二次方成反比。在此基础上，他又进一步证明，宇宙间任何两物体之间都有相互吸引力，这种力的大小和它们质量的乘积成正比，和它们距离的二次方成反比。

1687年牛顿发表了他的《自然哲学的数学原理》，明确提出了力学三定律和万有引力定律，建立了经典力学体系，这导致了天体力学的诞生。1799 ~ 1825年，拉普拉斯出版了巨著《天体力学》，全面系统地探讨了天体力学的各个有关问题，因而成为天体力学的奠基之作。依据天体力学的原理，天体的运动完全是由天体本身的力学特性所决定的，无须借助任何超自然的力。天体力学的诞生，使天文学从单纯描述天体间几何关系进入到研究天体之间相互作用的阶段，说明了天体的运动和地上物体的运动服从同一规律，进一步否定了亚里士多德的两界说。

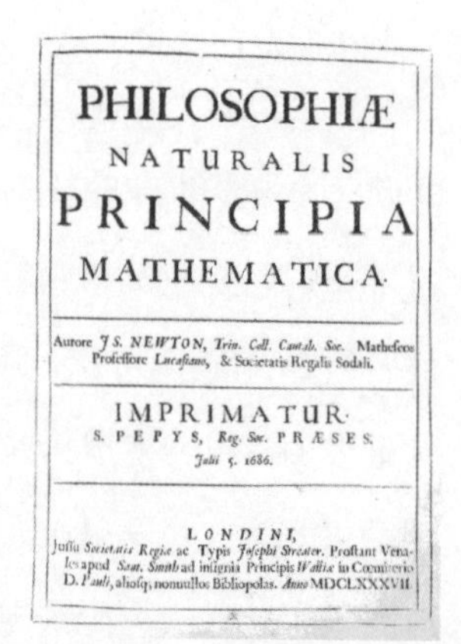
PHILOSOPHIÆ
NATURALIS
PRINCIPIA
MATHEMATICA.

Autore JS. NEWTON, Trin. Coll. Cantab. Soc. Matheseos Professore Lucasiano, & Societatis Regalis Sodali.

IMPRIMATUR.
S. PEPYS, Reg. Soc. PRÆSES.
Julii 5. 1686.

LONDINI,
Jussu Societatis Regiæ ac Typis Josephi Streater. Prostant Venales apud Sam. Smith ad insignia Principis Walliæ in Coemiterio D. Pauli, aliosq; nonnullos Bibliopolas. Anno MDCLXXXVII.

牛顿名著《自然哲学的数学原理》

牛顿手制的牛顿望远镜

万有引力定律问世、天体力学诞生后，科学家运用它取得了一个又一个胜利。其中最激动人心的是，1845 ~ 1846 年英国的亚当斯和法国的勒威耶运用它推算出当时一颗未知行星的位置，德国的伽勒则依据勒威耶的推算位置找到了这颗行星，即海王星。

牛顿所建立的经典力学体系，实现了科学史上第一次大综合。但由于当时习惯于对自然界的事物分门别类地、孤立而静止地进行研究，并往往用机械运动来解释千差万别的自然现象，这导致了 17 ~ 18 世纪占统治地位的形而上学自然观的形成。牛顿本人也深受形而上学思维方法的束缚，他用太阳的引力和行星在轨道上因惯性产生的横向运动来说明行星绕太阳公转的必然性，但他又无法解释这种横向运动最初是怎样开始的，最后不得不求助于上帝，认为是上帝做了“第一次推动”，行星才能在近圆轨道上绕太阳转动起来，而且此后按照力学定律永远转动下去。牛顿的这一见解成了 17 ~ 18 世纪形而上学自然观的重要组成部分。

1755 年，德国哲学家康德提出了一个太阳系起源的星云假说，1796 年拉普拉斯也提出了一个类似的星云说。这两个学说都认为太阳和行星是由同一个原始星云形成的，但对原始星云的性质、太阳的诞生和行星的聚合过程、行星绕太阳公转的形成等，则做了不同的解释。康德和拉普拉斯的星云说根本否定了牛顿关于行星运动的“第一次推动”的说法，说明了地球和整个太阳系是某种在时间过程中逐渐生成的东西，从而在形而上学自然观中打开了第一个缺口。康德和拉普拉斯的星云说以万有引力为理论根据，解释了当时所知的太阳系天体的许多观测事实，因而成了第一个科学的太阳系起源说，为天文学开创了一个新的研究领域——天体演化学。

在哥白尼的日心体系里，恒星只是遥远的“恒星天”上的光点，人们的视野还被束缚在太阳系的狭小范围内。1717 年哈雷发现了恒星的自行，十多年后，

布拉得雷在测量天体光行差的过程中得出，即使最近的恒星，其与太阳的距离也应远于6～8光年，若把太阳放在这样的距离上，它也就变成了一颗普通的恒星。这两大发现，使人们对太阳在宇宙间所处的地位发生了怀疑。在此基础上，赫歇耳迈出了勇敢的一步，他说："就像我们不应否认地球的周日运动一样，我们也无权假设太阳是静止的。"他认为恒星的视位移可能是恒星的自身运动和太阳运动的综合效应，如果恒星本身的运动方向是随机分布的，太阳运动必使其向点附近的恒星散开，而背点附近的恒星则相互靠拢。赫歇耳根据这一思路，只用了当时仅知的七颗恒星的自行资料，于1783年得到太阳的向点位置，和今天的结果相差不到10°，相当成功。

赫歇耳更大的贡献是，他采用取样统计的方法，用自制的口径为46厘米的反射望远镜，对自己事先选定的上千个天区，一一数出这些天区的星数以及亮星与暗星的比例，并假定：①宇宙空间是完全透明的；②恒星在空间均匀分布；③所有恒星的光度都一样。从而于1785年得出了一幅扁而平、轮廓参差、太阳位于中心的银河系结构图。现在知道，除银河系的直径大约是其厚度的五倍这一点基本正确外，其余见解都是错的。但在关于恒星距离的数据完全没有的情况下，赫歇耳能做出如此成绩，却令人无比钦佩，而他的取样统计方法则成了当今天文学中常用的方法，在恒星天文学和宇宙学中使用尤其频繁。

赫歇耳以后的130多年间，人们总把太阳系看成银河系的中心。1916～1917年沙普利利用球状星团中造父变星的周光关系来测量当时已知的近百个球状星团的距离并研究它们的空间分布。结果发现，这些球状星团有1/3位于占天空面积只有2%的人马座内，90%以上位于以人马座为中心的半个天球上。他认为，这种表面上的不均匀现象是由于太阳系不在银河系的中心而造成的，银河系的中心应该在人马座方向。1927年奥尔特通过研究银河系的较差自转，证实了沙普利的结论。经后人的反复测量，现已得悉银河系的半径约为6万光年，太阳离银心的距离为32000光年，并以每秒250千米的速度绕银心运动，约2.5亿年公转一周。

[三、现代天文学]

19世纪中叶后，天体物理学和全波天文学的诞生为观测遥远天体提供了手段，现代天文学的领域不断拓展，向探索宇宙边缘与时间起点发起挑战。

自古以来只能凭借肉眼观天。1609年伽利略首次将望远镜对准天空，一系列新发现纷至沓来，使人们大开眼界。但利用望远镜和它的一些附属设备，只能测定天体的位置和位置变化，考察天体的运动规律，粗略地估计天体的亮度以及观察某些天体的表象特征，无法研究其物理性质、化学成分和内部结构。19世纪中叶随着实验物理的发展，光谱学、光度学和照相术应用于天文观测和研究，迅速改变了天文观测的面貌。1859年10月27日基尔霍夫向普鲁士科学院提交的对太阳光谱中暗线的解释，宣告了天体物理学的诞生，标志着现代天文学的发端。后来的发展是，从光谱分析中不但能够知道太阳和恒星的化学成分，还能知道它们的温度、压力、视向速度、电磁过程和辐射转移过程等信息。

突破大气障碍，观测全部电磁波是20世纪天文学的一大特色。天体发射的电磁波，波长由短到长，大致可分为 γ 射线、X 射线、紫外线、可见光、红外线和无线电波。但是长期以来，用肉眼和望远镜只能观测到从0.3微米（紫光）到0.7微米（红光）之间这样一段狭小的光波范围，俗称“光学窗口”。20世纪40年代，人们借助于新兴的无线电和雷达技术，收到了来自太空的无线电波，从此打开了

星系的射电辐射

类星体

瞭望宇宙的另一扇窗户——“射电窗口”，射电天文学由此诞生。20 世纪 60 年代天文学的四大发现（类星体、脉冲星、星际有机分子和宇宙微波背景辐射），都是射电天文学的杰作。

在银河系之外，还有没有与银河系类似的天体系统，对这个问题的研究与对星云的观测和认证分不开。自古以来，南半球的人对大、小麦哲伦星云司空见惯，但直到 1519 ~ 1521 年麦哲伦航海至美洲最南端的一个海峡时，才第一次把它记录下来，大、小麦哲伦星云由此为北半球的人所知。1612 年德国天文学家马里乌斯用望远镜发现了仙女座大星云。其后，随着望远镜的口径增大，人们发现了更多云雾状斑点。18 世纪中叶，德国哲学家康德和地理学家洪堡提出，银河和恒星构成一个巨大的系统，看上去呈雾状的星云也是这样巨大的系统，它们在宇宙间就像岛屿在海洋中分布着。这个关于宇宙岛的预见，由于望远镜分辨率的限制和测定距离的困难，在经历了 170 年的曲折历程后，直到 20 世纪 20 年代才得到证实。

仙女座大星云

1920 年 4 月，在美国国家科学院爆发了著名的沙普利 – 柯蒂斯大辩论。柯蒂斯利用仙女座大星云中发现的三颗新星，定出该星云远在银河系之外，是一个独立的星系，而沙普利则反对柯蒂斯的结论。这场辩论当时胜负未分。1923 年，哈勃在威尔逊山天文台用当时世界最大的 2.5 米反射望远镜，把仙女座大星云的旋涡结构分辨为恒星，并且在这个星云内发现了许多造父变星。利用这些造父变星的周光关系，定出其距离为 90 万光年（现知为 230 万光年），远在银河系之外，而且体积比银河系还大。1924 年底他在美国天文学会宣布这一结果时，与会天文学家一致认为，宇宙岛学说已取得了胜利，人类关于宇宙的认识翻开了新的一页。

1932 年，爱丁顿的学生勒梅特在用广义相对论研究宇宙学问题时提出，现在观测到的宇宙是一个极端高热、极端压缩状态的原始原子爆炸的产物。1948 ~ 1956 年，伽莫夫等人发展了勒梅特的宇宙模型，更深入地探讨了宇宙从原始高密状态演化、膨胀的概貌，并把粒子的起源和化学元素的起源都结合进来一起考虑，从而形成了最有影响的大爆炸宇宙学。伽莫夫还明确预言，早期宇宙的大爆炸遗留至今还残存着温度很低的辐射。1965 年宇宙微波背景辐射的发现证明了这一论断的正确性。如今对热大爆炸宇宙学的更大兴趣则集中在 137 亿年以前，大爆炸发生后的 10^{-43} 秒到 3 分钟间的演化过程。这一极早期的宇宙演化学和粒子物理学、大统一理论及超弦理论密切相关，理论、实验、观测互相影响，是当代物理学的一个前沿，至今仍在不断发展。

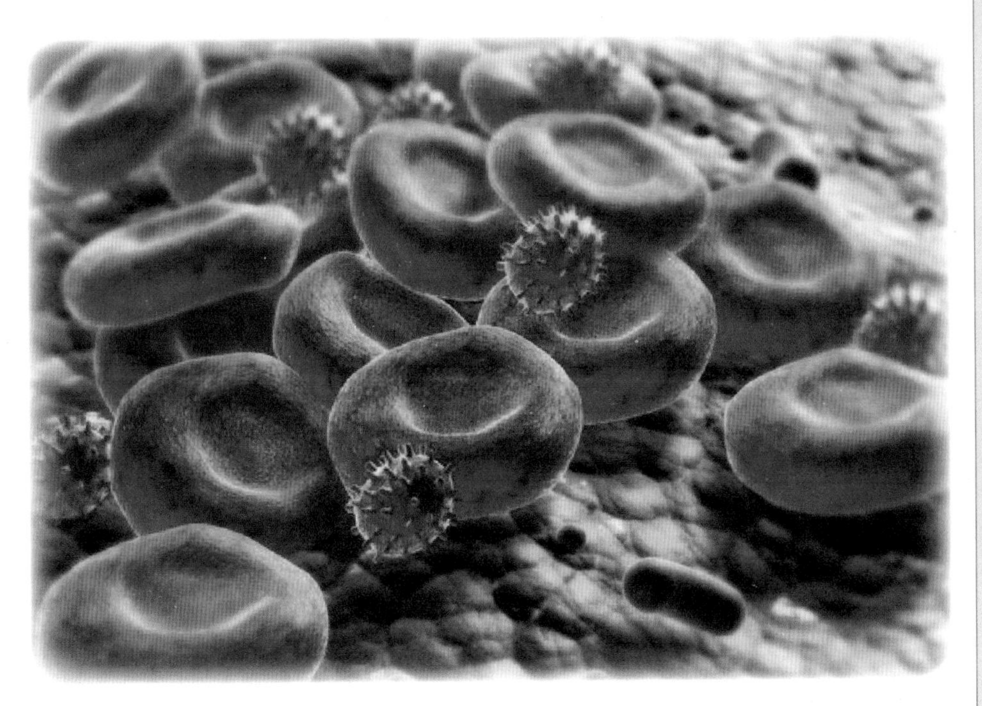

第三章 生命的守护者——医学史

医药知识的起源是人类集体经验的积累，是在与疾病斗争中产生的。医药从原始社会发展至今经过了漫长复杂的道路，更与科学技术的进步以及哲学思想的发展有密切关系。

[一、古代医学]

最初的奴隶制国家产生于大河流域的两旁。随着奴隶社会的发展和巩固，医学中的宗教色彩逐渐增多。

公元前 4000 ~ 3000 年左右埃及已形成奴隶社会，已有了相当发展的文化。他们认为一切归神主宰，因此僧侣兼管为人除灾祛病，宗教与非宗教的经验医学互相混杂在一起。埃及富人因为宗教信仰很重视遗体保存，自公元前 3000 年左右已实行尸体干化法，用香料药品涂抹尸体，是为“木乃伊”。这对于人体构造的认识有很大的帮助。

印度在公元前4000年末前3000年初，形成了奴隶制社会。根据史料记载，印度的外科很发达，大约至迟在公元4世纪时就能做断肢术、眼科手术、鼻的形成术、胎足倒转术、剖腹产术等。印度医学认为健康是机体的三种原质——气、粘液、胆汁正常配合的结果。以后希腊医学的四体液说影响了印度，使原有的三体液说增加了血液，成为“四大”学说。

公元前3000年末前2000年初，在两河流域的中部，巴比伦形成了奴隶制国家。公元前700年，亚述征服了巴比伦。巴比伦和亚述的占星术与医学有密切的关系。他们认为身体构造符合天体运行，这种人体是个小宇宙的观念与中国古代颇相似。巴比伦和埃及一样，有两种医生，一种为僧侣，治病方法是咒文、祈祷；一种是有实际经验的医生，由平民担任。

早于公元前3000年的神农氏时期，中国已进入农耕时代。神农亲自品尝植物和水泉，以寻求安全的饮水食物，并在此过程中认识了某些药物，此谓“神农尝百草，始有医药”和“药食同源”。中国氏族社会早期的巫既掌管祭祀，也从事医疗，此为巫医时代，包括夏、商和西周时期。此后春秋战国时期巫与医分工而进入医学时代，此时中医对人体解剖、病因病理、疾病诊治等方面的认识已有长足发展。战国时期百家争鸣，各流派活跃的哲学思想帮助医家建立起理论体系。秦汉时期，《内经》《难经》《伤寒杂病论》《神农本草经》等医学经典问世，以理法方药的完备标志中医学理论体系的奠定。

公元前7～前6世纪，希腊从原始氏族社会进入奴隶制社会，希腊医学是后来罗马及全欧洲医学发展的基础。直到现在欧洲人所用的医学符号——手杖和蛇，即源出希腊医神阿斯克勒庇俄斯。公元前5世纪恩培多克勒提出一切物体都由四种元素组成——火、空气、水和土。四元素以不同数量比例混合，成为各种性质的物体。希腊医学的代表人物为希波克拉底。以他为名的著作《希波克拉底文集》是希腊医学最重要的典籍。希波克拉底学派将四元素论发展为四体液病理学说。他们认为机体的生命决定于四种体液：血、粘液、黄胆汁和黑胆汁。四种元素的不同配合是这四种液体的基础，每一种液体又与一定的“气质”适应，每个人的“气质”取决于他体内占优势的液体。四体液平衡则身体健康，失调则多病。此外，《希波克拉底文集》中很多地方都谈论到医学道德问题，如著名的《希波克拉底誓言》，后来欧洲人学医都要按这个誓言宣誓。在公元前4世纪后，希腊医学逐渐衰落。

希波克拉底

罗马时代的医学发展与古希腊医学有继承性的联系。公元前2世纪，罗马人占领了原属希腊的巴尔干半岛南部，很多希腊医生来到罗马。罗马最著名的医生加伦原籍就是希腊，他对希波克拉底的著作很有研究。加伦的医学主张混有目的论观点，即认为自然界中的一切都是有目的的，人的构造也是由于造物者的目的而设。这种天定命运的学说被后世遵为教条，阻碍了科学发展。在治疗方面他重视药物治疗，有自己的专用药房，大量利用植物药配制丸剂、散剂、硬膏剂、浸剂、煎剂、酊剂、洗剂等各种制剂。至今药房制剂仍称“加伦制剂”。此外，罗马在公共卫生建设方面也有较高的水平。

公元395年罗马帝国分裂。西罗马帝国于5世纪亡于蛮族，分裂成好几个蛮族王国。欧洲的6世纪至13、14世纪被称为黑暗时代，文化进步很少，而东罗马帝国以拜占廷之名继续存在。拜占廷文化是希腊罗马文化的继承者。拜占廷医学家收集了古代医学的丰富遗产并加以系统化。到15世纪拜占廷才被土耳其所灭。在文化思想方面，中世纪欧洲几乎完全由教会统治。神学渗透一切知识部门，医学也由僧侣掌握，只有他们懂拉丁语，因此保存了一些古代传下来的医药知识。他们为病人看病，也替病人祈祷。“寺院医学”由此形成，但它把治愈与“神圣的奇迹”联系在一起，这阻碍了医学的发展。11世纪十字军东征、城市发展、商业旅行等扩大了欧洲人的眼界，也刺激了科学发展。当时医学教育主要围绕希波克拉底、加伦和阿维森纳的著作，重教条而轻实践。医学研究故步自封，进步很小。此外，欧洲中世纪流行病传播猖獗，如鼠疫、麻风和梅毒等。麻风在13世纪最为猖獗，后经严格隔离才停止蔓延，这也促进了欧洲医院的设立。

7 ~ 8 世纪的许多国家和地区，如叙利亚、埃及、小亚细亚、北非和比利牛斯半岛都归属于封建伊斯兰教强国——“阿拉伯哈利发王国”。阿拉伯继承了古希腊罗马的文化，同时与东方商业交通频繁，又吸收了印度和中国的文化。因此，它起到沟通欧亚各民族文化的作用。希腊文和拉丁文的哲学、科学及医药学方面的主要著作，都被译成阿拉伯文。8 ~ 12 世纪阿拉伯地区医学发达，在化学、药物学和制药技艺方面都很有成就。当时的化学即所谓“炼金术”，其目的之一是炼制长生药。长生药虽不可能炼成，但无数次的试验过程中诞生了许多对人类有用的物质和医疗上有用的化合物。炼金术士还设计并改进了很多实验操作方法，如蒸馏、升华、结晶、过滤等。这些都大大丰富了药物制剂的方法，并促进药房事业发展。阿维森纳是中世纪的伟大医生，在世界医史上也有重要地位。他最著名的医学著作是《医典》，曾多次译成拉丁文，在很长一段时间内《医典》是研读医学的必读指南。在治疗方面，阿维森纳很重视药物治疗，他不但采用了希腊、印度的药物，还收载了中国的药物。中国的医学也通过阿拉伯传入西方。

[二、近代医学]

西方近代医学是指文艺复兴以后逐渐兴起的医学。

文艺复兴运动中，怀疑教条、反对权威之风兴起。16 世纪欧洲医学摆脱了古代权威的束缚，开始独立发展，其主要成就是人体解剖学的建立。古代的人认为身体是灵魂寄居之处，在封建社会，各民族无例外地禁止解剖尸体。因此，人体解剖学得不到发展，这个时代的医书如加伦解剖学中，解剖图几乎全是根据动物内脏绘成的。反之，文艺复兴时代的文化把人作为注意的中心，在医学领域内人们首先重视的就是研究人体构造。首先革新解剖学的是意大利的达•芬奇，他认为作为现实主义的画家，有明了解剖的必要，尤其需要了解骨骼与肌肉，于是从事人体解剖。他所绘制的 700 多幅解剖图，传至今日还有 150 余幅。画得大都准确、优美。根据直接观察来编写人体解剖学教科书的工作由维萨里完成。维萨里在大学学习医学时，解剖学教授高坐椅上授课，助手和匠人在台下操作，而且一年内最多只允许进行三四次解剖。维萨里不满足这种状况，曾夜间到野外去盗窃尸体来进行解剖。后来他到拥有欧洲最好的解剖教室的意大利帕多瓦大学任教。1543 年，他将工作中积累起来的材料整理成书,公开发表。这本书就是《人体构造论》，此书指出加伦的错误200多处。维萨里虽然也受到当时保守派的指责,但他的学生们发展了解剖学。

维萨里

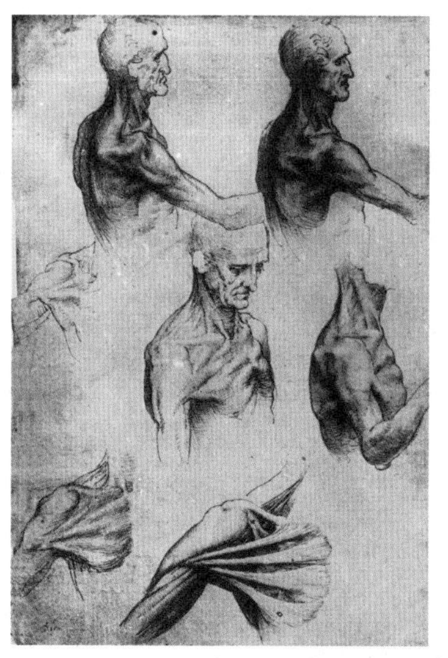
达•芬奇《男人头和肩的研究》

17 世纪，英国新兴的资产阶级为了发展工商业支持科学技术研究。在哲学方面，培根提出经验主义，提倡观察实验，主张一切知识来自经验，并提倡归纳法。笛卡尔是唯理论的代表，他重视人的思维能力，同时又把机械论观点运用于对生理问题的研究，对后世的生命科学影响很大。17 世纪量度观念已很普及。实验、量度的应用使生命科学开始步入科学轨道，其标志是血液循环的发现。哈维也毕业于帕多瓦大学，他最先在科学研究中，应用活体解剖的实验方法，直接观察动物机体的活动。同时，他还精密地算出自左心室流入总动脉，和自右心室流入肺动脉的血量。通过分析，他认为血液绝不可能来自饮食，也不可能留在身体组织内，并由此断定自左心室喷入动脉的血，必然是自静脉回归右心室的血。这样就发现了血液循环。17 世纪初，随着实验兴起出现了许多科学仪器，其中显微镜把人们带到一个新的认识水平。意大利的马尔皮吉在观察动物组织时发现了毛细血管。荷兰的列文虎克也做过许多显微镜观察，最先发现精子、血细

哈维

胞及血细胞从毛细血管中流过的情形。这些观察填补了哈维在血液循环学说中留下的空白，解释了血液是怎样由动脉进入静脉的。

到 18 世纪，医学家已经解剖了无数尸体，对人体正常构造已有清晰认识，在这基础上，他们就有可能认识到若干异常的构造。意大利的莫尔加尼于 1761 年发表《论疾病的位置和原因》一书，描述了疾病影响下器官的变化，并据此对疾病原因做了科学推测。他把疾病看作是局部损伤，而且认为每一种疾病都有它在某个器官内的相应病变部位。这标志着病理解剖学成为一门科学。这种思想对此后的整个医学领域影响甚大，在莫尔加尼以后，医师才开始用“病灶”解释症状。18 世纪的医学教育也发生了重大变化。在 17 世纪前，欧洲并无有组织的临床教育，学生到医校学习，只要读书并考试及格就可毕业。17 世纪中叶荷兰的莱顿大学开始实行临床教学。到 18 世纪，临床医学教学兴盛起来，莱顿大学在医院中设立了教学病床，布尔哈维是当时著名的临床医学家。他充分利用病床教学，在进行病理解剖前，尽量给学生提供临床症候以及与这些病理变化有关系的资料，这是以后临床病理讨论会的先驱。詹纳发明牛痘接种法，是 18 世纪预防医学的一件大事。16 世纪，中国已用人痘接种来预防天花。18 世纪初，这种方法经土耳其传到英国，詹纳在实践中发现牛痘接种比人痘接种更安全。他的这个改进增加了接种安全性，为人类最终消灭天花做出贡献。

巴斯德

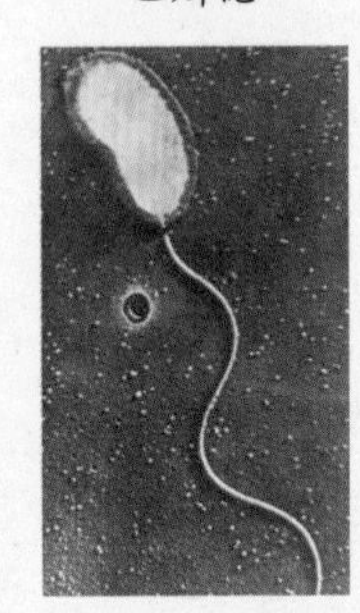
霍乱弧菌

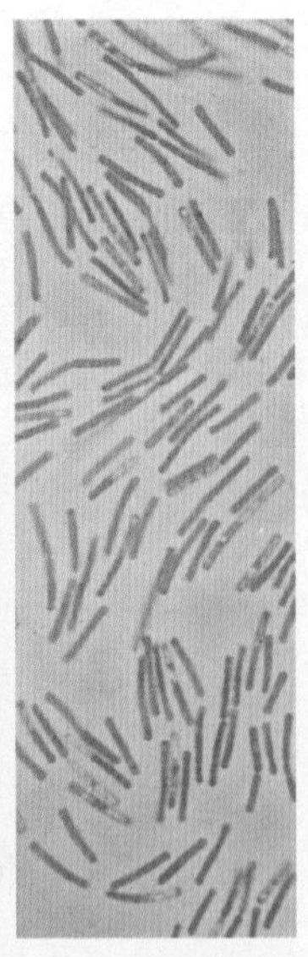
炭疽菌

19 世纪的欧洲医学在细胞病理学、细菌学、药理学、实验生理学、诊断学、外科学、护理学及预防医学方面都有很大进展。19 世纪初，细胞学说提出。19 世纪中叶德国病理学家菲尔肖倡导细胞病理学，将疾病研究深入到细胞层次。同一时期，由于发酵工业的需要、物理学与化学的进步和显微镜的改进，细菌学诞生了。法国人巴斯德开始研究发酵的作用，后研究微生物，证明发酵及传染病都是微生物引起的。德国人科赫发现霍乱弧菌、结核杆菌及炭疽杆菌等，并改进了培养细菌的方法和细菌染色方法，还提出科赫三定律。他们的工作奠定了微生物学的基础。19 世纪后 30 年是细菌学时代，大多数主要致病菌在此时期内先后被发现。巴斯德还研究了鸡的霍乱、牛羊炭疽病及狂犬病等，并用减弱微生物毒力的方法首先进行疫苗的研究，从而创立了经典免疫学。

19 世纪初期，一些植物药的有效成分先后被提取出来。1859 年水杨酸盐类解热镇痛药合成成功，到 19 世纪末精制成阿司匹林。其后各种药物的合成精制不断发展。以临床医学和生理学为基础，以动物实验为手段，人们开始研究药物的性能和作用，实验药理学由此产生。除药理实验外，人们还应用实验方法研究机体，实验生理学从此逐渐兴起。

由于病理解剖学和细胞病理学的影响，当时的临床医学对内脏器官病理变化的研究和诊断特别关注，临床医生想尽各种方法寻找病灶，使诊断方法不断充实，诊断手段和辅助诊断工具不断增多。许多临床诊断辅助手段如血压测量、体温测量、体腔镜检查等都是在 19 世纪开始应用的。到 19 世纪末检查方式又或多或少地从直接观察病人转变为研究化验室的检验结果。19 世纪外科学也有很大的进步。19 世纪前的外科非常落后，疼痛、感染、出血等基本问题无法解决，这限制了手术的数量和范围。19 世纪中叶，解剖学的发展以及麻醉法、防腐法和无菌法的应用，对 19 世纪末和 20 世纪初期外科学的发展起了决定性的作用。良好的护理也是病人康复的重要因素。护理工作历史悠久，但从事护理的人长期地位低下，19 世纪前工作条件一直十分恶劣，人员素质差，待遇低。英国的南丁格尔曾在德国学习护理知识，在克里米亚战争中率护士进行战地救护，收效显著。1860 年她创立护士学校，传播其护理学思想，提高护理地位，使护理学成为一门科学。

南丁格尔

19 世纪，预防医学和保障健康的医学对策已逐渐成为立法和行政的问题，而使卫生学成为一门精确科学的人是德国的佩滕科弗。他将物理和化学的研究方法应用到卫生学方面，并于1882年发表《卫生学指南》一书。此后，研究职业病的劳动卫生学、研究食品工业的营养与食品卫生学等相继产生。

[三、现代医学]

近代医学经历了16～17世纪的奠基，18世纪的系统分类，19世纪的大发展，到20世纪与现代科学技术紧密结合，发展为现代医学。

20世纪医学的特点是一方面向微观发展，如分子生物学；一方面又向宏观发展。在向宏观发展方面，又可分为两种：一是人们认识到人本身是一个整体；二是把人作为一个与自然环境和社会环境密切相互作用的整体来研究。20世纪以来，基础医学方面成就最突出的是基本理论的发展，它有力地推进了临床医学和预防医学。治疗和预防疾病的有效手段在20世纪才开始出现。20世纪医学发展的主要原因是自然科学的进步。各学科专业间交叉融合，这形成现代医学的特点之一。

20世纪的内科治疗发生了巨大进步。19世纪后半期由于药理学进步，治疗上虽有改进，但对多数疾病，尤其一些已知病源的传染性疾病仍无能为力。20世纪化学治疗和抗生素的发明改变了这种局面，是治疗史上划时代的进步。20世纪的诊断技术也有革命性进展。伦琴于1895年发现X射线，到20世纪初X射线诊断已成为临床医学的重要手段。此后重要的诊断技术发明有：心电图、梅毒血清反应、脑血管造影、心脏导管术和脑电图。50年代初超声波技术应用于医学，60年代日本采用光导纤维制成胃镜，现在临床已有多种纤维光学内窥镜得到应用。70年代电子计算机X射线断层成像（CT）及磁共振成像技术应用后，微小的病灶也能被发现。外科学方面，20世纪初兰德施泰纳发现血型，通过配血使输血得以安全进行。这时也开始应用局部麻醉法，40年代肌肉松弛药在临床应用，其后抗菌药应用于外科，这些使外科治疗的基本问题得以解决。除此之外，内分泌学、营养学、分子生物学、医学遗传学、免疫学、精神病学研究等都有重大突破。

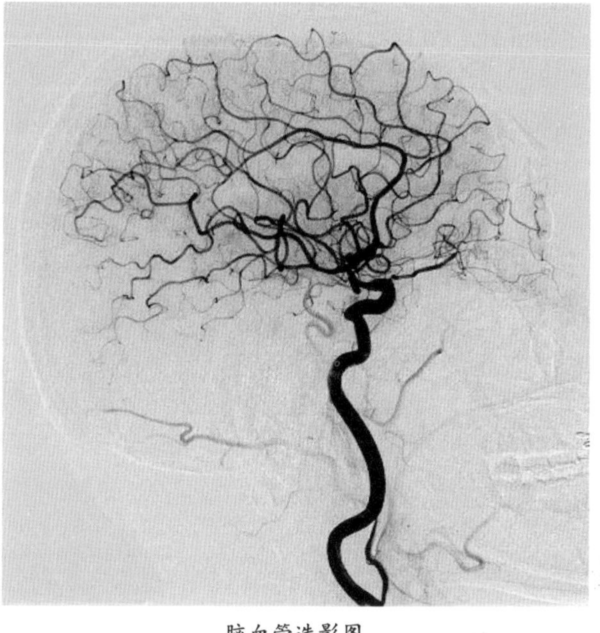

脑血管造影图

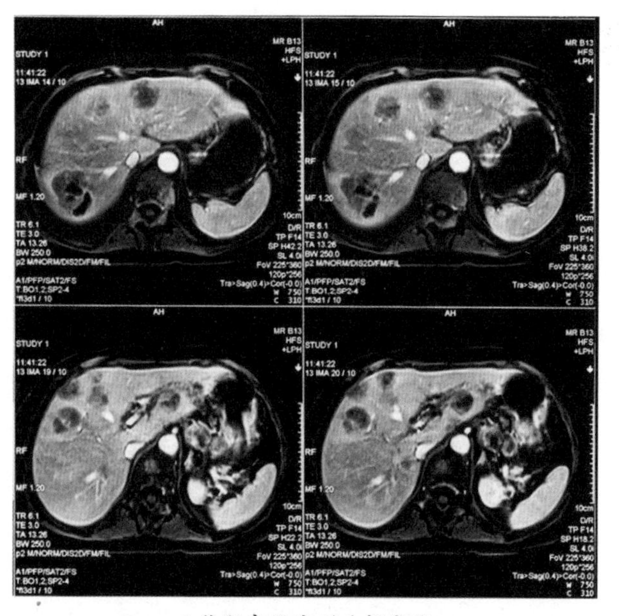

人体腰部器官磁共振成像

第四章 理性之辩——数学史

[一、古代文明的数学]

数学是最古老的科学知识体系。早在原始社会，人们在生产生活实践中逐步形成对图形及数的初步认识。古代文明的数学大都以解决实际问题为目标，这些问题大体上可分四类：天文大地测量与历法及时间的确定，经济活动，工程建设，产品设计与制造。这些活动至今也是数学应用的主要方面。

公元前 3000 年左右，各大河流域先后进入成熟的农业社会，并产生以埃及、巴比伦、印度、中国为代表的四大古代文明。这四大文明相对独立地产生出自己的数字系统以及许多零散的数学知识。古代埃及文明可追溯到公元前 4500 年。尼罗河定期泛滥，淹没土地，水退后需重新丈量居民土地面积。这种土地测量知识公认为几何学的来源。前 3000 年左右，埃及形成一个统一国家，其后建造的金字塔具有相当的精确性。这显示出埃及人已懂得不少天文及几何知识。埃及的记数法采用十进位，但无位值制，用象形记号表示 1 ~ 100 万的数字，这足以满足当时的日常需要。

巴比伦泛指今伊拉克的两河流域地区。约前4000年左右此地即有人定居。与埃及不同，多个民族曾在这个地区发展，并且不断斗争。现在研究的巴比伦文明的数学知识主要来自泥板文书，泥板中300块是具有数学内容的，其中200块是各种数表，包括乘法表、倒数表、平方数表、立方数表、平方根表及复利表等。巴比伦的计数法已有初步的位值制思想。虽其六十进位制给计算带来麻烦，但至今的分、秒计时仍继承这一传统。前1世纪巴比伦天文学家首先把圆分为360º，这虽与六十进位制不相干，但采用1度分为60分，1分分为60秒的做法一定与六十进位制有关。这些都被希腊人接受并传到欧洲。在几何方面，巴比伦人得到一些简单平面图形面积和简单立体体积公式，这些公式均为近似公式，显示出巴比伦数学的实用特征。它们与天文学和商业密切相关。

早在前3000年，印度已产生辉煌的文明。印度在计算、几何、数论及代数方面均有独特贡献，但印度最重要的贡献在于，公元600年前后出现的零的概念及十进位值制记数法。这套记数法由阿拉伯人改进并形成印度–阿拉伯数字，于13世纪流传至欧洲，成为至今各国通用的记数法。印度人明确使用负数来表示借贷、负债，在使用无理数方面也不受限制，而欧洲数学家中甚至有人晚至19世纪还拒绝使用负数和无理数。在三角学方面，印度人对希腊三角学有重大改进，用半弦代全弦，并制定三角函数表，得出角和与差的正弦公式等，这直接成为欧洲三角学的开端。

中国的古代数学源远流长、独具特点。在前13世纪的甲骨文中，已有十进位的记数法，春秋时期已有算筹，并形成以算筹为基础的算法。这反映中国很早就有十进位值制，而且有好的四则算法，如九九表至晚在前6世纪就已普及。中国数学有丰富的文献、多种类型的问题及解法，

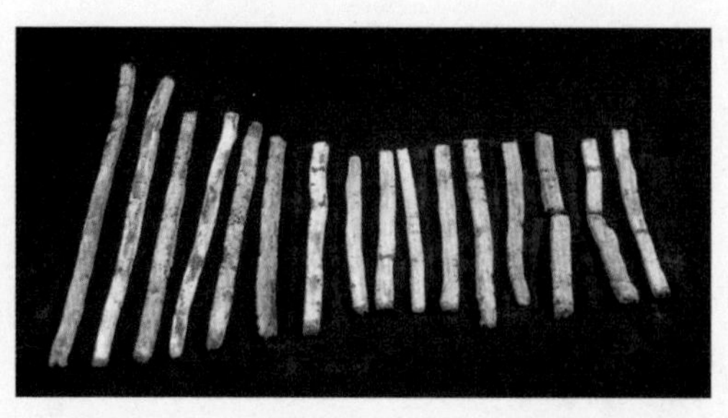

金属算筹（西汉）

14 世纪之前在世界上独树一帜。以《九章算术》为基础的中国数学主要成就有：公元 3 世纪的刘徽和 5 世纪的祖冲之、祖暅父子运用了出入相补原理与刘徽－祖暅原理等推证所有的面积、体积公式，建立了比较完善的面积、体积理论；7 世纪的数学家王孝通在开平方法、开立方法的基础上提出一般三次方程的数值解法；13 世纪秦九韶等人的解高次方程方法领先欧洲数学家 500 多年。

[二、古希腊到欧洲中世纪的数学]

古埃及和巴比伦数学在公元前 3 世纪基本终结，它们的数学遗产部分为古希腊所继承。

希腊黄金时代是前 6 世纪到前 4 世纪，其后是罗马时期，但其精神文化仍继承古希腊，因此称为希腊化时期，到公元 5 世纪结束。古希腊数学与其他民族和地区的数学有明显差异，除了实用计算与应用数学外，还有一条独特的理论数学发展路线，由毕达哥拉斯学派开始，经柏拉图直到欧几里得《几何原本》集其大成，对西方近现代数学有极大影响。前 300 年左右《几何原本》问世前，希腊已积累了一些数学知识，但只有欧几里得提供了一种普遍理论体系及方法。《几何原本》不仅建立了公理与公设的方法，而且把数学变成演绎与证明的科学。这在相当长时期内成为数学发展的主导方向。阿基米德是古希腊最伟大的数学家。他的独特贡献在于首先提出并解决一些立体的表面积问题。另一位希腊数学家阿波罗尼奥斯的《圆锥曲线论》是对当时圆锥曲线理论的系统总结和发

欧几里得

《几何原本》

展。这种对椭圆、抛物线和双曲线的系统研究对近代科学有重大影响。除纯数学研究外，结合天文学及大地测量，依巴谷制作弦表，是三角学的先导。这些成就总结于托勒玫的《天文学大成》中。前3世纪希腊几何学达到顶峰，其后500年间几乎没有什么进展，文献也遭到损坏或丢失。幸好4～5世纪帕普斯等人对古代的工作做了评注、整理及补充，使许多成果保存到一千多年后。但是，晚期的希腊学者在数论等方面仍有重要成果。3世纪丢番图的《算术》对不定方程的研究直接影响了近代数论的发展，关于不定方程的研究至今以丢番图方程命名。

7世纪初穆罕默德创立伊斯兰教并建立起阿拉伯帝国。此后一些倡导学术的君主先后在巴格达等地建成学术中心，吸引了各民族学者。他们整理和继承各地先进文化，进行大量翻译工作，吸收了希腊数学及部分印度和中国的数学并传播到中世纪欧洲。在这些知识的基础上，伊斯兰世界学者开始自己的数学创造活动，主要成就包括阿拉伯数字、十进位值制及笔算，这无疑是受到印度数学的影响。早期的阿拉伯数学家花拉子米编写的《阿尔热巴拉和阿尔穆卡巴拉》，直译为《移项与对消》。这本写于830年左右的著作在12世纪被译成拉丁文，其中的algebrae成为现代algebra（“代数”）一词的来源。他的另一著作《花拉子米算术》译成拉丁文Liber Algorismi，成为现代algorithm（“算法”）一词的来源。阿拉伯人的另一项重要贡献是发展三角学。

从世界史分期讲，欧洲中世纪约为公元500～1500年，但对数学史来说前后各延长一个世纪。罗马和基督教世界均对学术不感兴趣，但在君士坦丁一世宽容基督教前，雅典和亚历山大里亚的学园都还能自由活动。其后基督教迫害日益增多。529年罗马皇帝查士丁尼关闭雅典学园，严禁研究及传播数学，亚历山大里亚的学园特别是图书馆遭到多次破坏。641年阿拉伯人攻陷亚历山大里亚时将残存文献付之一炬，结束了希腊数学的光辉历史。5～11世纪是欧洲黑暗时期，学术活动基本停滞。12～13世纪随着大学建立，学术活动重新开始。作为基础教育的四艺——算术、几何、天文、音乐都包含数学的基本内容。这个时期重要的事件是斐波那契从东方引入印度–阿拉伯数字、位值制记数法及商业计算。他的著作为数学在欧洲传播打下基础。

14 世纪欧洲文艺复兴时期数学沿两条路线发展。一条是翻译和研究希腊原著，并在此基础上加以发展。另一条则通过解决实际问题而发展，如关于透视画法、天文观测和航海所需数学、地图投影法等的研究。到 16 世纪，算术、数论、几何、三角、代数五个初等数学分支形成，为 17 ～ 18 世纪近代数学发展奠定了基础。

[三、近代前期的数学]

17 世纪是科学革命时期，也是近代数学大发展的时代。这个期间，欧洲数学突破了以往的许多限制，成为科学发展的有力工具。三项伟大的发明为近现代数学奠定了基础，它们是符号代数、解析几何和微积分。

符号代数学被公认为是法国数学家韦达的贡献。他首先用符号代替已知数，把可计算的对象由数推广到一般符号。他确立了符号代数的原理和方法，使当时的代数系统化，因此被称为代数学之父。韦达定理（方程的根与系数关系式）成为代数方程论的出发点。代数方程的理论到 18 世纪由欧拉及拉格朗日集大成，并在拉格朗日的工作中产生置换的概念，成为群论的萌芽。18 世纪末，高斯给出代数基本定理的第一个证明。代数学的另一个方向是线性代数方程组的求解，是 1678 年由莱布尼茨开创的。他首先提出行列式概念，并在 18 世纪得出其与线性方程组求解的关系。

韦达

解析几何的诞生是数学思想的一次飞跃。它代表形与数的统一，也反映几何学与代数学的交叉。解析几何的主要内容是：引进坐标使点与数、方程与曲线相互对应，通过代数或算术方法解决几何问题，以及反过来对代数方程等给出直观几何解释。解析几何的创立者是费马与笛卡儿。费马在《平面与立体轨迹引论》

笛卡尔

莱布尼茨

欧拉

拉格朗日

中提出解析几何学原理：“由两个未知量决定一个方程，它对应着一条轨迹——一条直线或曲线。”笛卡儿利用方程与曲线的关系，不仅解决了当时十分重要的作图问题，而且研究了曲线的性质。解析几何最重要的应用是引进许多新曲线，找到其方程，以及按方程对曲线进行分类。这些都为微积分的发展打下基础。

微积分是整个数学史上最重要的发明。现在公认牛顿和莱布尼茨各自独立地沿不同途径发明微积分。牛顿较早得到流数法，但其发表晚于莱布尼茨。莱布尼茨最先于 1684 年和 1686 年发表他的方法，且其符号系统较先进。牛顿和莱布尼茨的主要贡献在于系统地引入微分法与积分法，以及认识到微分与积分互为逆运算，即得出牛顿－莱布尼茨公式。一开始，他们的许多概念并不严密，经过一个世纪的整理与发展最终定型并得到广泛应用。微积分的建立立即导致分析数学许多分支的发展，但许多基础概念直到 19 世纪才真正得到阐明，如分析学的核心概念——函数、极限、连续性、可微性等。17 世纪末，速降线问题的求解导致变分法的诞生。欧拉表述了一般的变分问题，把它化为常微分方程问题并给出许多应用。在此基础上，拉格朗日使用分析方法建立变分概念，得出极值存在的条件，使变分法也成为分析力学的工具。分析数学在力学及物理学中有着不可或缺的作用，使力学问题化成解微分方程的分析问题。微积分及分析数学的另一大应用领域是几何学，并由此形成无穷小几何学，即后来的微分几何学。微分几何学的核心概念是曲率。1750 年，欧拉建立了曲面的曲率公式。

[四、近代后期的数学]

19 世纪数学最重要的成就是数论、代数学、几何学、分析学四大领域的形成和发展，从中产生许多新的分支学科和交叉学科，为 20 世纪众多新领域的出现奠定基础。

19 世纪前的数论只有一些零散和孤立的问题与结果。1801 年高斯发表《算术研究》，标志着近代数论系统理论的产生。高斯建立了同余理论，严格证明二次互反律，建立了二次型理论，成为数论的出发点。19 世纪数论的一个重要分支——代数数论也是由高斯奠定基础的。它对整个数学发展有重大而持久的影响。

高斯

19 世纪代数学的最大成就之一是伽罗瓦理论的建立，对整个数学领域亦影响深远。1824 年，阿贝尔首先证明，五次及五次以上代数方程一般没有根式解。1830 年，伽罗瓦对代数方程的可解性给出明确的判据，它与方程的群有关。这启动了代数学的一个全新方向——群论。19 世纪线性代数学亦基本完成，它是借助向量、行列式和矩阵发展的。

19 世纪也是几何学复兴并得到大发展的时期。由于欧氏几何始终被认为是物理空间唯一正确的模型，其基础一直受到数学家关注，其中最主要的是平行公设问题，即《几何原本》中的平行公设可否由其他公理和公设推出的问题。它曾困惑许多人，最终在 19 世纪由高斯、罗巴切夫斯基、波尔约各自独立解决，其中罗巴切夫斯基 1829 年发表的《论几何学基础》是最早发表的非欧几何著作。他们的几何学由于不被认为是现实世界的几何学而得不到承认。直到 1868 年贝尔特拉米把非欧几何学具体实现在欧氏空间中的曲面上，非欧几何学才开始为多数人接受。非欧几何学的建立在数学思想上产生了一次巨大冲击。它打破欧式几何的观

黎曼

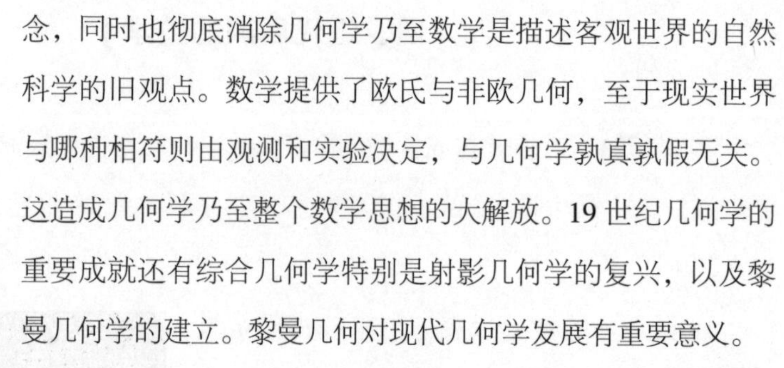

念，同时也彻底消除几何学乃至数学是描述客观世界的自然科学的旧观点。数学提供了欧氏与非欧几何，至于现实世界与哪种相符则由观测和实验决定，与几何学孰真孰假无关。这造成几何学乃至整个数学思想的大解放。19 世纪几何学的重要成就还有综合几何学特别是射影几何学的复兴，以及黎曼几何学的建立。黎曼几何对现代几何学发展有重要意义。

康托尔

几何学在 19 世纪取得辉煌成就，但 19 世纪还是常被称为分析学时代，这是因为分析学方法在 19 世纪又有很大提升，对整个数学发展起决定性推动作用。它应用于几何学使微分几何学产生飞跃，应用于数论产生解析数论，立即解决初等方法根本无法处理的问题。19 世纪的分析学不仅在方法上日益先进，而且还是建立在严格的基础上，这导致了集合论诞生和数学基础的发展。1807 年傅里叶引入傅里叶级数，不仅提供了解偏微分方程的有效工具，而且推动了一系列概念和理论问题的提出和解决。典型的有函数、定积分、集合及测度的概念和理论。幂级数与三角级数的使用对数学的严格性提出了疑问，阿贝尔首先提出级数的收敛和发散的概念，第一次澄清过去使用不当之处。分析学的严格化一直贯穿整个 19 世纪，形成了牢固的概念与理论基础。这时剩下的工作就是建立实数理论，最终由戴德金完成。康托尔从 1873 年开始探讨点集论。他独立建立了集合论，为 20 世纪数学奠定了基础。康托尔集合论也带来一系列问题和悖论，对它们的研究直接导致 20 世纪数理逻辑领域诞生。1900 年希尔伯特提出 23 个数学问题，在历史上起着继往开来的作用。

[五、现代数学]

20世纪数学在经典数学基础上向纵深发展，形成了理论数学及应用数学的庞大领域。

在理论研究上，20世纪数学形成了元数学（数理逻辑）和数学的结构理论两大新兴领域。元数学最重要的成就有不完全性定理、图灵计算理论、公理集合论等。结构理论由法国布尔巴基学派提出。他们试图用数学结构概念统一整个数学，其理论基础部分是研究代数结构的抽象代数学，包括群论、环论、域论等分支，以及研究拓扑结构的拓扑学。由于结构理论的发展，一系列经典难题和现代猜想获得解决，包括费马大定理的证明，广义庞加莱猜想的证明，算术代数几何学一系列猜想的解决等。在理论与应用数学的边缘出现了计算机科学、统计数学、计算数学、离散数学（主要是组合数学和图论）、随机数学等领域，推动了数学应用范围的扩大，如数学规划理论、对策论及金融数学等。

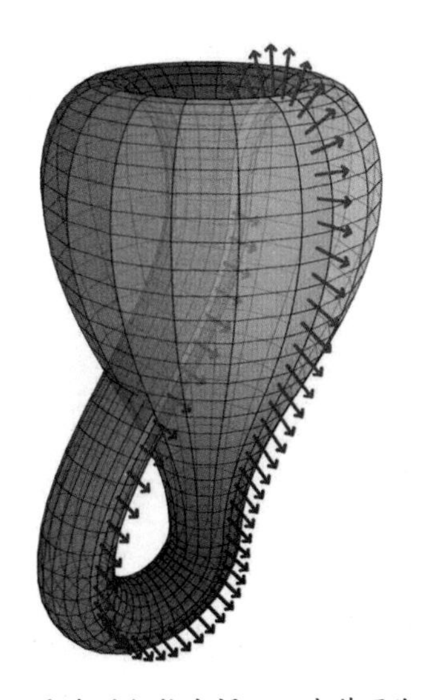

不可定向的拓扑空间——克莱因瓶

第五章　从原子到宇宙——物理学史

[一、古代和中世纪的物理学]

公元前 7 世纪到前 2 世纪，古代物理学在希腊和中国均有很大进展。

物理学来源于古希腊理性唯物思想。早期哲学家提出了许多范围广泛的问题，诸如宇宙秩序的来源、世界多样性和各类变种的起源、如何说明物质和形式、运动和变化之间的关系等。尤其是以留基波、德谟克利特为代表，后又被伊壁鸠鲁和卢克莱修发展的原子论，以及以爱利亚的芝诺为代表的斯多阿学派主张自然界连续性的观点，对自然界的结构和运动、变化等做出各自的说明。原子论曾对从 18 世纪起的化学和物理学起了相当大的影响。

阿基米德

古希腊罗马物理学最发达的部分是静力学，代表人物是阿基米德。他建立了杠杆定律、浮体定律，尤其重要的是，他将欧几里得几何学和逻辑推理用于解决物理问题，这为经典物理学的兴起在方法上提供了榜样。至于亚里士多德的物理学，实质上大部分是由错误判断、逻辑集合而成的几个概念。他将宇宙分成天上的和地上的两种截然不同的领域；将运动分为“自然的”和“非自然的”两类，“非自然运动”需要恒常的外因。今天看来奇怪的是，占有整个中世纪的形而上学不是阿基米德的物理学，而是亚里士多德的物理学。这不仅与宗教的需要有关，大概亦与亚里士多德论证问题的巧妙方式有关。此外，托勒玫发现光线入射角和折射角成比例，他构建的洋葱式宇宙模式（托勒玫体系）对中世纪影响颇大。

随着希腊罗马文明的衰落，中世纪时期，慑于社会压力、政治迫害和早期教会神父的反理智偏见，剩下的少数科学家和哲学家流向东方。他们的大量科学经典传进阿拉伯国家，被译成阿拉伯文保存下来。但在物理学方面，唯有光学在阿拉伯得以发展。阿尔•哈增发展了光反射和折射知识，解剖研究眼睛构造，创立了至今仍被沿用的一些术语，如角膜、玻璃液等。12 ~ 13 世纪，欧洲建立了一些附属教堂的学校，一些学者开始对希腊文化重新发生兴趣，亦开始从阿拉伯文翻译希腊科学著作。从此，亚里士多德讨论问题的逻辑方式成为欧洲传统，无形中一代代地培养了学生的逻辑思维习惯。中世纪后期的科学家虽然在希腊科学的总框架内工作，但在物理学的一些问题上做得较精细且有一定水平，为 16 ~ 17 世纪的科学革命奠定了基础。

中国古代学者和哲学家对宇宙天体的形成、演变和万物组成曾提出种种看法。在中国古代，不可分割的原子思想比较薄弱，而连续性的物质观念即元气说成为中国的传统。在某种意义上，传统物理学的认知模式是与元气说密切相关的。从明代后期，传统物理学逐渐终结，耶稣会士入华，将希腊罗马和文艺复兴初期的科学知识传播到中国。但近代科学包括物理学传入中国是在 1840 年鸦片战争之后。

[二、经典物理学的创立和发展]

近代意义的物理学诞生于 15 ~ 17 世纪的欧洲。从文艺复兴到 19 世纪是经典物理学时期。牛顿力学在此时期发展到顶峰，其时空观、物质观和因果关系影响了光、声、热、电磁各学科，以及物理学以外的自然科学和社会科学。

伽利略

16 ~ 17 世纪，一场伟大的科学革命在欧洲兴起，它是文艺复兴的产物。这场革命首先起于天文学，继而是力学、光学。1543 年波兰天文学家哥白尼发表《天体运行论》，提出日心地动说，从而和经院哲学的教条即被神化了的托勒玫地心说发生冲突。继而，伽利略携望远镜观察天象，并进行一系列关于运动的实验，推翻了地心说和以亚里士多德为代表的经典哲学运动观，以数学形式建立了自由落体定律和惯性定律，并创建加速度概念。其后，开普勒在哥白尼日心说基础上，运用第谷的观测资料，发现了行星运动三定律，再加上惠更斯等人的努力，最终由牛顿提出了三大运动定律和万有引力定律。1687 年《自然哲学的数学原理》问世，这一划时代科学巨著标志着以牛顿力学为代表的经典力学体系的建立。它不仅解决了那个时代提出的力学和天文学的主要问题，而且将科学革命推向了高峰。牛顿力学体系将过去一向被认为毫不相干的地上的和天上的物体运动规律概括在一个严密的统一理论之中，这是人类认识自然的历史中的第一次理论大综合。此后拉普拉斯把整个太阳系综合为一个动力稳定的牛顿引力体系，建立起天体力学；1846 年通过牛顿理论预测并证实海王星的存在，这时以牛顿力学为核心的经典力学达到最为辉煌的时代。经典力学的另一个发

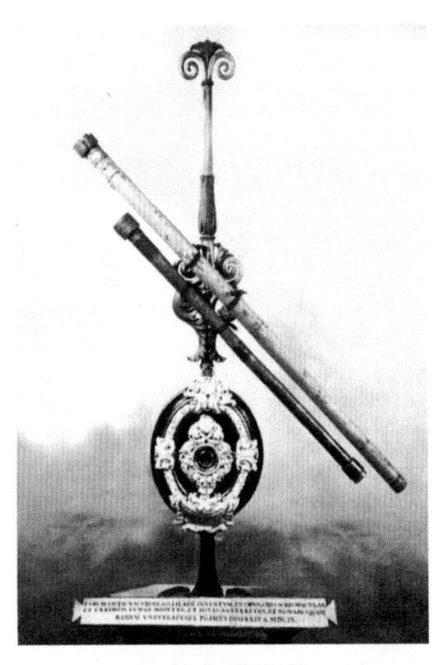
伽利略望远镜

展序列是由托里拆利、帕斯卡、盖利克等人的工作组成的，并导致1662年玻意耳和马略特各自独立地建立了关于气体压强和体积关系的定律。从18世纪起，另有一批人从另一角度构筑经典力学，人们称它为分析力学或解析力学。丹尼尔第一•伯努利和欧拉研究了多质点体系、刚体和流体动力学。达朗贝尔提出了以他的名字命名的用于代替运动方程的原理。拉格朗日建立了对于复杂情况特别适用的微分方程。稍后，科希在胡克弹性定律基础上对弹性胁变与形变做出了普适的数学表述，总结了变形体力学的最终形式。最后，哈密顿发展了拉格朗日微分方程，提出了最小作用量原理。该原理后来还被用于一系列非力学过程中，并被认为是所有自然规律中概括性最强的一个。雅可比提出了用于多体系的哈密顿-雅可比方程。从此，从质点到连续体的所有力学问题都已得到解决。理论上，经典力学达到了尽善尽美的地步。

光学起源于古希腊，经过13世纪培根等人的工作，17世纪时斯涅耳和笛卡儿发展起几何光学，在实验基础上用数学方法推导出反射定律、折射定律和一些透镜的几何理论。1729年，布拉得雷发现光行差，从而结束了光速是瞬时还是有限的争论。光行差的发现也为地动说提供了第一个确凿无疑的直接证据。1850年，傅科和斐索测得水中的光速小于空气中的光速，这才结束了长期以来争论不决的关于光密与光疏介质中哪个光速更大或折射率更大的问题。牛顿对光学的贡献：一是颜色理论，证明白光是色光的混合；一是发现薄膜干涉，并以定量方法研究干涉现象。为了避免色差，牛顿于1668年设计了反射望远镜。1753年，多朗德成功制造消色差折射望远镜，而格里马尔迪曾描述直杆和光栅的衍射现象。这样，干涉、衍射和偏振等现象的发现与光的本性问题的讨

牛顿在做光学实验

论相结合，光学便成为以后长期持有争论的学科。起初，牛顿、笛卡儿持射流说（微粒说），而胡克、惠更斯持波动说。两者各有千秋。从 1800 年起，由于托马斯•杨的工作，波动说出现了辉煌时期。杨提出波长、频率的概念和干涉原理，以此解释牛顿环，并首次近似地测定了光的波长。1809 年马吕斯发现光的偏振，他认为这是对牛顿微粒说的证明。然而 1811 年，阿拉戈用晶体观察到被偏振的白光的色现象；1815 年布儒斯特用实验证实，在反射光与折射光彼此垂直的情形下，反射光是完全偏振的。同年，对波动说做出全面推进的菲涅耳建立了带作图法的衍射理论，并与阿拉戈在 1819 年共同提出彼此垂直的偏振光不相干的证明，最终证实光的横向振动。从此，才建立了光的正确的波动学说。直到 1888 年，赫兹证实电磁波的存在并将光也统一其中，这又结束了光究竟在哪个方向振动的争论。后来，洛伦兹以反射理论，维纳以光的驻波实验各自独立地证明，电场强度的振动垂直于偏振面，而磁场强度的振动在偏振面上，从此光学成为电动力学的一部分。

17 ~ 18 世纪各种温度计的制造和温标的选定过程中，有两个定理曾推动热力学发展：玻意耳定律和 1802 年盖 – 吕萨克对理想气体膨胀的测定。后者指出，各种气体具有相同的热膨胀系数，即 1/266.6。后来更精确的测定值为 1/273。这是热力学的重要概念“绝对零度”的先导思想。起初，人们相信热是一种类似流体的物质。持此观念的苏格兰的布莱克是“潜热”概念的提出者，而且于 1760 年最早将热量与温度从概念上区分开。1842 ~ 1847 年间，迈尔、焦耳、亥姆霍兹等人先后从蒸汽机的效率、机械、电、化学、人的新陈代谢等不同侧面独立获得了热是一种能量、能量守恒以及各种形式的能量可相互转换的定律。特别是焦耳测定了热功当量，亥姆霍兹充分发展了能量守恒原理的普遍意义，而开尔文勋爵于 1853 年对能量守恒概念做出最后定义。约 1860 年能量守恒原理得到普遍承认。很快它就成为全部自然科学技术的基石。它揭示了热、机械、电和化学等各种运动形式之间的统一性，从而实现了物理学的第二次理论大综合。

能量守恒定律又称热力学第一定律。在卡诺对蒸汽机的热功转换进行研究的基础上，克劳修斯和开尔文分别在1850年和1851年建立了热力学第二定律。1865年，克劳修斯给第二定律引入熵的概念，用它表示一个物理系统的能量耗散程度或称之为无序程度（又称混乱程度）。熵的概念和第二定律的建立，立即在化学、天文学以及一切与热现象有关的科学门类中起了重要作用。1906年，能斯特提出热力学第三定律。随着热力学的建立和发展，分子运动论和热现象的统计方法也建立起来。在化学家创立了现代原子、分子概念后，1858年克劳修斯提出了平均自由程概念，证明气体分子碰撞过程的特点。1860年，麦克斯韦测得平均自由程长度值，并建立了速度分布定律。洛喜密脱以数学计算获得了气体分子半径和1克分子的分子数的准确数量级，后者被称之为洛喜密脱数。最终由麦克斯韦、玻耳兹曼和吉布斯发展了分子运动论并奠定了统计物理学的基础。在这一分支学科中出现了一个与牛顿体系不同的新的物理观念：统计物理不是研究单个质点或单体的运动状态，而是研究一大群分子的运动状态，“几率”（概率）的概念被引进物理学之中。统计力学可以处理分子运动论的所有问题。1887年玻耳兹曼在熵和概率之间架起数学桥梁：熵和状态概率的对数成正比，其比例因子就是玻耳兹曼普适常数。此外，分子运动的微小涨落现象亦被发现。1827年植物学家布朗发现悬浮粒子的运动，即布朗运动，涨落说可以很好地说明布朗运动是一种纯粹的热现象。1905年爱因斯坦对此进行了研究，并被1908年皮兰的实验所证实，使原子概念最终得以确立。

麦克斯韦

玻耳兹曼

电和磁是一门古老而又年轻的学科。古代中国人对此有一定贡献。1600年吉伯发现地球是个大磁体，并出版了《论磁》一书。此后一直到18世纪初，电和磁的研究进展极为迟缓。其中较为重要的事件有：1745年荷兰莱顿的穆欣布鲁克发明莱顿瓶；1752年美国的富兰克林以风筝实验证明闪电与摩擦电的一致性；1775年伏打描述起电盘，它是后来的感应起电机的原型。1785年库仑发明扭秤，使他自己和卡文迪什各自独立发现两电荷间作用力定律，今称库仑定律。此后又引出了一系列进展。电磁发展史上的一个重大转折是由伽伐尼和伏打做出的。1792 年伽伐尼报告了关于蛙腿痉挛的实验，伏打立即将此观察变成一个物理发现，于 1800 年制成电堆。电堆提供的持续电流为电磁学发展开辟了一个崭新领域。它的最初影响是关于电解和各种离子迁移的一系列研究。1820 年奥斯特发现电流的磁效应。鉴于它的技术应用前景，一大批物理学家立即涌入这一新领域，两年内就奠定了电动力学的基础。其中，安培发现同方向电流彼此吸引，反方向电流彼此排斥，并提出电使磁偏转的方向法则，特别是创立了二电流元间相互作用的安培定律；毕奥和萨伐尔同时表述了单一电流线元的磁作用定律。1826 年欧姆建立了电阻定律，清楚区分电动势、电势梯度、电流强度的概念，并为导电率概念打下基础。在电流磁效应发现的激励下，法拉第通过一系列实验，终于发现磁感生电流效应，并于 1831 年建立法拉第电磁感应定律。这是发电机的理论基础。法拉第的实验为人类开辟了一种新能源，打开了电力时代的大门。为解释他的实验，法拉第提出了力线概念。1855 ~ 1864 年麦克斯韦在此基础上又引进了位移电流概念，从数学上建立了意义深远的电磁理论，即迄今闻名的一组矢量微分方程，并从该方程中导出电磁波的存在及其以光速传播的结论。法拉第、麦克斯韦等人的工作导致物理学史上第三次理论大综合，揭示了光、电、磁三种现象的本质统一性。1888 年赫兹以实验证实电磁波存在，并证明它具有光的一切特性。电磁波的发现预示了无线电通信和稍后兴起的电视技术的到来，为现代人类的物质文明奠定了强有力的基础。至此，电磁学的理论基础大致上全部完成。

欧姆

法拉第

[三、20 世纪近代物理学的兴起与发展]

一般认为 1895 年 X 射线的发现是 20 世纪近代物理学开始的标志。近代物理学的两大基石即相对论和量子论彻底改变了物理学的理论基础，其中包括空间、时间、质量、能量、原子、光、连续性、决定论和因果关系等在经典物理学中已牢固确立的概念，因此在 20 世纪 30 年代之前掀起一场新的科学理论革命。

19 世纪末 20 世纪初，经典物理学在新的实验事实面前遇到了困难，原来与实验吻合的理论受到挑战。牛顿力学对于解释水星近日点的进动无能为力；以太模型随光波动说的确定而出现，人们已习惯并长期相信以太作为绝对静止的惯性坐标系存在，但在迈克耳孙主持的多次反复的实验中均得到否定以太存在的结果；再如，在固体比热、黑体辐射、X 射线、放射性、电子和镭的发现等新的实验事实中，经典物理学不仅无法释疑解惑，而且似有大厦将倾之危。爱因斯坦看出，修补经典理论不可能完备，他致力于对物理理论基础的根本性改革，于 1905 和 1915 年先后创立狭义相对论和广义相对论。相对论否定了自牛顿以来的绝对时间和绝对空间概念，建立了新的时空观，并将牛顿力学作为一种特例概括其中。相对论既是天体物理和宇宙学的理论基础，也是亚原子世界微观物理学的理论基础。

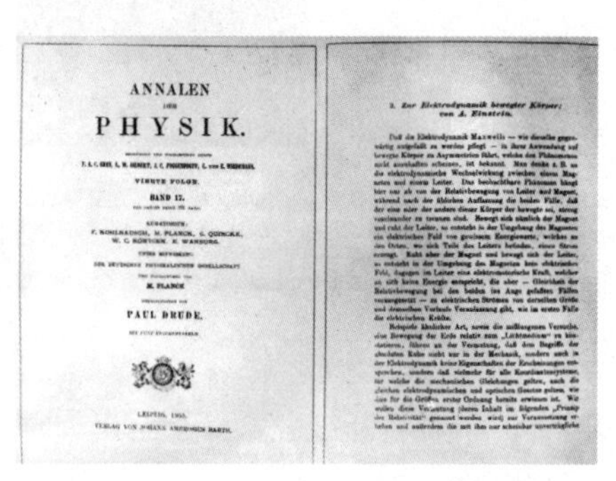
ANNALEN
DER
PHYSIK.

VIERTE FOLGE.
BAND 17.

M. PLANCK

PAUL DRUDE.

LEIPZIG, 1905.

3. Zur Elektrodynamik bewegter Körper;
von A. Einstein.

爱因斯坦关于狭义相对论的著名论文

普朗克为解释黑体辐射问题，于 1900 年提出能量子假设，引入了著名的普朗克常数。爱因斯坦在 1905 年提出光量子论，既解释了包括光电效应在内，经典物理学不能解释的一些问题，又证实并发展了普朗克的思想。光量子论认为，光既有连续的波动性质，又有不连续的粒子性质。1913 年，玻尔依据量子论提出一种原子模型，成功解释了只含一个电子的原子的光谱和其他性质。1923 年，德布罗意提出物质波概念，波粒二象性作为微观世界的基本特性之一为人们普遍接受。经过近20年的酝酿与准备，当时一批年轻的物理学家，如海森伯、狄拉克及玻恩、薛定谔等终于在1925 ~ 1927年间建立了量子力学,它成功解决了19世纪末提出的诸多物理问题。此后量子力学被广泛应用于原子、分子和金属性能的研究，加速了原子和分子物理学的发展，并且成为物理学通向化学和生物学的桥梁。

玻尔

19世纪末20世纪初，人们获得了X射线、放射性、镭等一系列惊人发现。1905年爱因斯坦提出著名的质能关系式，量子论由初期解决辐射问题而进入到物质本体之中，从而打破了原子不可分的古老观念，人们对物质的认识从宏观世界深入到原子内部。1932年查德威克发现中子，安德森发现正电子，考克饶夫和瓦尔顿用加速器实现人工核蜕变。1938年，哈恩和斯特拉斯曼发现铀分裂即重原子核裂变现象。1942年实现原子核链式反应。在费米领导下，美国建成第一座原子反应堆，并于1945年制成第一颗原子弹。原子能时代从此揭开序幕。

从1932年发现中子、正电子开始，粒子物理学成为20世纪中期以后的热门课题。新粒子的性质、结构、相互作用和转化成为该学科主要研究内容。存在于自然界中的四种相互作用力（引力、电磁力、强相互作用力和弱相互作用力）的统一问题已经取得了相当的进展，但距真正的统一尚待时日。物理学分化出高能物理、原子核物理、等离子体物理、凝聚态物理、复杂系统的统计物理、宇宙学等一系列新的分支学科，传统物理学科也有极大的变化与发展。

[四、物理学与技术的关系]

经典物理学形成之初，磨镜与制镜工艺对物理学与天文学都有过帮助和促进。当牛顿建立起经典力学大厦时，现代一切机械、土木建筑、交通运输、航空航天等工程技术的理论基础也得到初步确立。

18 世纪 60 年代开始的工业革命以蒸汽机的广泛使用为标志。起初，蒸汽机的热机效率仅为 5% 左右，为提高蒸汽机的效率，一大批物理学家进行热力学研究。瓦特曾根据布莱克的潜热理论改进蒸汽机。但是，当时尚未有人认识到汽缸的热仅仅部分地转化为机械功。此后，卡诺建立了热功转换的循环原理，从理论上为热机效率提高指明了方向，19 世纪下半叶奥托和狄塞尔的内燃机也因此出现。热力学第一、第二定律确立不久，英国土木工程师兰金就将它们编入《蒸汽机手册》之中。20 世纪初蒸汽机热效率可达 15% ~ 20%。这充分说明技术与物理之间的互动关系。

瓦特发明的双动式蒸汽机，效率比 70 年前纽科门的设计提高四倍

电磁学所有重大成就纯粹是在物理实验室诞生的：伏打电池成功获得了持续电流，开辟了利用电力的新时期；奥斯特发现的电流磁效应和法拉第建立的电磁感应定律为电气时代到来打下理论基础；实验室中用以演示感生电流的法拉第转子成为后来所有发电机和电动机的始祖。19 世纪上半叶创建的一系列电磁学定律促成 19 世纪 80 年代钢铁、电力、化学、内燃机技术大飞跃，实验室里的成果最终令众多工业巨头诞生，如电机工业的西门子、钢铁工业的贝塞麦和马尔丁兄弟等。钢铁、冶金、电机方面的技术难题，尤其是燃料、能源的合理利用与成本问题又促使 19 世纪最后二三十年间的热辐射研究迅猛发展。类似地，麦克斯韦的理论预言和赫兹电磁波实验导致马可尼于 1895 年发明无线电，从而开创了无线电通信新时代，大大改变了人类的生活和文明进程。这又是物理与技术间的互动事例。

20 世纪期间，爱因斯坦的质能关系导致原子弹制造和核能的利用，他于 1916 年提出的受激发射理论又引出 1960 年激光器的诞生。1932 年发明的粒子加速器，1934 年制成的电子显微镜，1936 年发明的射电望远镜，1952 年试验成功的氢弹，1957 年上天的人造地球卫星及其后发展的宇宙飞船技术、遥感技术等，无一不是物理学的成果。电子计算机的出现引发了信息技术革命，其硬件从晶体管到大规模集成电路，处处与物理学成果相关，甚至可以说是物理学实验的结晶。

1945 年 8 月 9 日原子弹在长崎爆炸后腾起的蘑菇云

第六章　物质的奥秘——化学史

[一、古代工艺化学和金丹术]

人类从远古时代就开始利用化学手段提高生产水平和改善生活条件，这肇端于火的利用。

人类学会用火之后，在实践中逐步对与之有关的燃烧现象有所了解，进而广泛地利用于生活的各个方面，如利用焙烧黏土制造陶质生活用具和建筑材料；烧炼矿石提取铜、铁、铝、锡、银、汞等金属；熔炼合金，如青铜、钢、黄铜等，并用它们制造工具和兵器等。此外，人们又学会借助天然发酵作用酿酒、制饴、造酱、作酪，并发明了酒曲。在纺织和造瓷过程中人们又学会了采集、加工天然染料和矿物颜料，所有这些都利用了化学手段。所以古代化学又称为古代工艺化学或实用化学。

在较广泛地观察了自然（包括化学）变化之后，古代的一些哲学家也曾推测物质世界的组成和那些变化的动因以及遵循的规律。例如中国古代的一些哲学家把自然界的各种现象、物质及其属性分为阳和阴两大类，认为自然界是阳和阴的相互对立又彼此依存的对立统一体；又认为各种物质是由金、木、水、火、土五种基本要素、五种基本属性构成的。古印度哲学家则把万物的根本归结为地、水、火、风。古希腊的哲学家们则分别认为自然界的本原是一元的水，或是气，或是永恒的火。古希腊的亚里士多德把万物的组成归结为水、火、土和空气四种元素，又由它们构成冷、热、干、湿四种基本物性，并借此解释各种自然变化。古代哲学家对于物质的微观结构也有过某些猜测。但那些说法都只是经验的和思辨性的，没有实验的依据。

公元前后到中世纪（12 ~ 15 世纪）期间，古中国、古希腊、古阿拉伯和欧洲都先后兴起了金丹术（炼丹术与炼金术的合称）——利用化学变化、借助化学实验操作的一类方术，从事这种活动的人称为方士或术士。中国的金丹术（炼丹术）兴起于公元前 2 世纪的汉代，方士们希图通过在土釜或金属丹鼎中烧炼“五金八石”，得到令人长生不死的金丹神药。希腊的炼金术兴起于 1 世纪，术士以工艺师和埃及工匠为主，他们企图利用廉价的金属烧炼成黑色的“死金”，再利用“灵气物质”（大约是硫磺类）而使其呈现银或金黄的颜色，实质上是一种金属染色术，

中世纪欧洲炼金术士的工作室

是以发财致富为目的的欺诈行为，于3世纪末被取缔。8世纪，阿拉伯世界继承了希腊炼金术的技艺，并渲染上了更多的古希腊哲学色彩和说教，把“灵气物质”改称为“点金药”。11世纪阿拉伯炼金术传播到欧洲，很多国家的宫廷和教堂中都纷纷燃起熊熊烈火，竟相烧炼“黄金”，各种伪造的金银币曾经一度泛滥于欧洲大陆各国之间。金丹术从整体上充满了神秘主义色彩，实验记录多采取玄虚和隐喻的手法，因此当它消亡以后，这段历史的具体内容几乎成为一座死寂的坟墓，在化学理论上也几乎毫无建树。但是方士们毕竟做了许多化学实验，制造出了许多化学制剂，有的后来成为有功效的医药。阿拉伯和欧洲的炼金术则广泛利用玻璃器皿，发明了蒸馏器，制作了风箱、坩埚、烧杯、蒸发皿、燃烧炉等原始的化学实验仪器、设备，并从动植物中提取到许多重要的、相当纯净的有机物和药剂，这些都为此后的化学肇兴创造了物质条件和实验经验。中国的炼丹术大约在9世纪时总结出了制造黑火药的经验，为人类文明做出了一大贡献。金丹术的失败也使方士们意识到金属嬗变的不可能，对此后化学元素概念的产生也有所影响。

[二、欧洲医药与冶金化学]

15～17世纪炼金术彻底失败后，化学方法逐渐在欧洲的医药和冶金方面得到利用和发展，使化学与人类生活和生产结合起来并摆脱了神学的束缚。

当时的医药化学家（药剂师）们从矿物、动物、植物中浸取、蒸馏出了一系列药剂，开始研究它们的医疗效果和生理效应。在理论方面，他们提出构成各种金属的要素是“硫”“汞”“盐”（它们只是三种属性）；人的疾病则是由于体内各种化学要素失去平衡，医疗就是用药物恢复其平衡，所以他们致力于化学药剂性质的研究。尤其在无机化学方面取得了空前的成果，通过干馏制得了硫酸（矾油）、王水、盐酸（海盐精），继而制造出了一系列无机盐，也记录下了许多化学反应。其代表人物是瑞士医生帕拉切尔苏斯和比利时医药学家海尔蒙特。与此

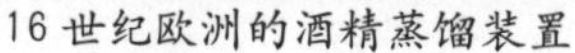
16 世纪欧洲的酒精蒸馏装置

17 ～ 18 世纪欧洲药剂师的工作室

同时，一些冶金师把化学手段应用于采矿，冶炼、鉴定、检测矿石，监测产品质量，还研究了许多金属的富集、提纯方法以及它们的化学性质，又总结出更多酸、碱、盐的制备方法。其代表人物是德国的医生和冶金家阿格里科拉。总之，这一时期在化学制备和化学理论上都达到了前所未有的高度，化学实验仪器也更加丰富和精巧。

[三、近代化学的奠基]

近代化学奠基于 18 世纪末到 19 世纪初。玻意耳、拉瓦锡、道尔顿等人的工作对化学学科的建立意义重大。

17 世纪中叶后，科学革命在天文、医学、物理领域的成功，使欧洲迎来思想文化的彻底变革。自然科学的崛起，促使化学研究遵循近代科学的模式，在摸索中发展。例如英国的化学家与物理学家玻意耳试图对各种化学反应加以机械论的描述。他在 1661 年发表的名著《怀疑派化学家》中雄辩地驳斥了亚里士多德和帕拉切尔苏斯的旧元素说，也否认当时流行的元素学说；他又根据气体的可压缩性和物质的溶解和挥发，发展了物质的微粒学说，并提出火的微粒说，认为金属煅烧增重是由于金属与火微粒的结合。但他并未提出新的元素学说，而认为各种物质的微粒只是大小、形状和运动特性的不同，构成微粒的基本材料没有什么根本不同。由于采矿冶金的发展和医学的进步，17 ~ 18 世纪中期很多化学家、生理学家广泛研究燃烧和呼吸现象，如德国的化学家和名医施塔尔便提出了燃素学说，认为一切可燃物中都含有一种气态的要素，即所谓“燃素”，燃烧过程是可燃物释放出燃素，后者又与空气结合而发光发热的过程。此后他又进一步把一切化学变化甚至化学性质都归结为燃素的存在和释放燃素与吸收燃素的过程。这一学说虽然对当时已知的大多数化学现象做了统一的解释，帮助人们摆脱了炼金术思想的桎梏，但却无法解释可燃物燃烧后增重的事实。此外，在这一时期，化学家通过气体试验，发现了碳酸气、氢气、氧气等气体，表明传统上的所谓“空气”是复杂物质，否定了空气是元素物质的陈旧说教。在矿冶发展过程中，许多化学家突破了火法试金，更多利用溶液反应进行化学分析，对化学反应的了解有极大扩展。

1772 ~ 1788 年，法国化学家拉瓦锡通过白磷的燃烧、铅丹与木炭共热、汞灰加热等许多试验，令人信服地解释了燃烧的本质，即可燃物与氧气的化合过程；同时也判明氧、氢、氮都是独立的元素，都与燃素无关，而水是氢和氧的化合物，而不是元素物质，从而提出了燃烧的氧化学说，彻底批判了燃素学说，并将倒立在燃素说基础上的全部化学端正了过来。拉瓦锡对铅、锡的燃烧过程进行严格的定量试验，证明化学反应中参与反应的物质与反应产物间质量保持恒定。1789 年在其《化学概要》中，他明确地定义了化学元素的新概念，并列出了历史上第一张元素表，并把元素分为简单

拉瓦锡进行燃烧试验所用的化学装置

物质（普遍存在于动、植、矿物中，如氧、氮、氢及光和热）、金属物质、非金属物质和成盐土质四大类。这个表把当时已经发现并分离出来的所有元素物质（单质）无一遗漏地归纳进去，并且也没有误判任何一种化合物为元素物质。此外，他还最早制定了许多有机物的元素分析法。拉瓦锡的这一系列新理论、新发现和化学研究方法为近代化学初步建立了基础，并很快为各国科学家普遍接受和仿效。因此，拉瓦锡被尊为近代化学之父。

道尔顿

1803年，英国化学家、物理学家道尔顿在深入思考了玻意耳的微粒学说、拉瓦锡的新元素学说、许多关于气体的物理学研究以及化合物组成的定比定律、倍比定律后，提出了新的原子论，把原子说与新元素论统一起来成为有机的整体，相当合理地解释了当时所知的、简单的化学反应的机理。同时他又公布了根据别人的分析结果计算出的历史上第一个原子量表（但由于他确定化合物组成的原则过于武断，分析数据也不准确，因此所确定的原子量值并不正确）。他的原子论很快得到化学界的普遍支持。此后，原子量的测定问题得到广泛研究，但由于化合物组成问题一时未能解决，原子量与当量的概念时常被混淆，所以众多原子量表

道尔顿在收集甲烷

在 50 年间都没能得到统一的认可。直到 1855 年意大利化学家坎尼扎罗提出分子学说，完善了新原子论，才使以上难题迎刃而解。至此，原子 – 分子学说完成了近代化学的奠基工作，使它成为一门真正的近代基础学科。

[四、19 世纪的化学]

19 世纪，元素周期律的发现、有机化学的兴起和物理化学的建立是这一时期化学领域最重要的成就。

物理学的新发现和新发明往往及时地帮助了化学的发展，解决了重大的疑难问题。1800 年意大利的伏打发明了伏打电堆，化学家们立刻用这种新装置来研究持续稳定的电流所引起的化学变化。1858 年德国的本生和基尔霍夫合作制成了第一台实用光谱检验议——看谱镜。它立刻成为化学家寻找新元素的有力武器。

随着化学分析法的进步，又有伏打电堆的辅助和光谱检测法的介入，到 1868 年人们已发现了 63 种化学元素。关于它们的物理及化学性质的研究成果也积累得相当丰富，原子 – 分子学说在 1860 年的卡尔斯鲁厄会议以后很快得到普遍公认，从此有了统一、正确而且相当精确的原子量。1857 年、1858 年德国的凯库勒和苏格兰的库珀又提出了原子价键概念，阐明了各种原子相化合时在数目上所遵循的规律。于是化学家们开始思考：自然界中究竟存在有多少种元素？各种元素间是否存在着内在联系？为回答这些问题，从 19 世纪 20 年代起，化学家们进行了一系列尝试和推测，俄国化学家门捷列夫从中受到极大启发，通过对已掌握的大量化学事实进行对

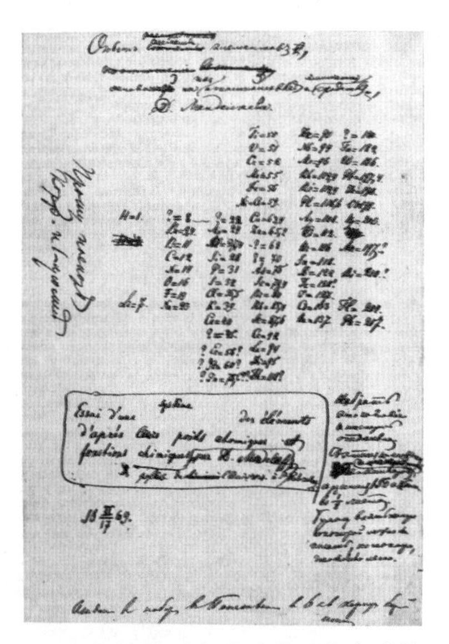

1869 年门捷列夫的元素周期表手稿

比，他在 1869 年提出了历史上第一张化学元素周期表，并论述了元素周期律。这是化学发展史上的另一个里程碑，不仅为无机化学的进一步发展提供了理论基础，而且对整个化学的发展起到了重要的指导作用。1898 年，英国化学家拉姆齐等又发现了多种惰性气体元素，为周期表补充了零族。1913 年，英国物理学家莫塞莱揭示了原子序数，从而更深化了化学家对元素周期律的理论认识。

有机化学在 19 世纪 20 年代前处在积累经验阶段。已知的千百种有机化合物居然只由碳、氢、氧、氮、硫几种元素构成，依据当时的无机化学知识和原子－分子学说似乎很难理解，而且即使是简单的有机化合物，在实验室中也无法人工合成。直到 1828 年，德国的维勒首次从无机物人工制得了有机物尿素，不久后化学家们又从无机物，甚至从单质出发人工合成了甲烷、乙炔、糖类物质和有机酸。这些成果鼓舞了化学家对有机物人工合成的广泛尝试和对有机反应的研究。1830 年前后，化学家已经发现有机化合物中存在化学组成完全相同而性质迥异的同分异构体。过去化学家研究无机化合物时只认识到物质的化学性质决定于元素组成，而现在认识到了解有机化合物还必须辨明化合物中各种原子数和原子彼此排列、

维勒曾长期工作的格丁根大学维勒实验室

组合的方式，这启发了化学家们去探讨有机化合物的结构及相关理论。有机结构理论研究最初由有机化合物分类开始。化学家们从不同视角，把数目庞大的有机化合物分成各种类型、体系，进行归纳研究。如果已知某一有机物质属于哪一类型，就有可能推测出其性质和合成方法。鉴于所有有机化合物中碳元素总处于主体组分，凯库勒在1858年提出碳原子可以自己衔接成链的学说，其他元素的原子则缀连在碳链上。同年，库珀把化合物中原子间的连接称为化学键。碳原子的成链结构在探讨、说明脂肪族化合物时相当令人满意，但在解释苯等芳香族化合物的结构时，碳链学说遇到困难。直到1865年凯库勒凭借丰富想象力提出苯的封闭式六元环状链结构，解决了疑难，极大地推动了有机化合物结构理论的发展。19世纪下半叶有机合成化学取得了一系列重大成果，人工合成了众多具有重大工业前景或理论意义的化合物，包括人工合成染料、有机药物与合成炸药等。

物理化学有很多分支，都是探讨化学反应的基础理论，它是在物理学中的热学、热力学、电学研究成果的直接启发下孕育、发展出来的。这类研究发端也很早，但成为化学的一个分支学科则在19世纪中叶以后，是从研究化学反应的热效应开始的。化学热力学探讨化学反应发生的动因、反应自发进行的方向及进行的程度等理论问题。18世纪末化学家已经注意到化学反应中各种物质的质量及其产物的性质（尤其是挥发性和溶解度）影响着反应速度和反应进行的程度。在前人研究的基础上，1878年，美国理论物理学家和化学家吉布斯发表论文，首次在化学热力学中引入了一个描述体系的新状态函数，即吉布斯自由能。这项研究奠定了化学热力学的基础。1888年，法国物理化学家勒夏忒列提出一个普遍规律："在化学平衡的任何体系中，平衡诸因素中的一个因素（如温度、压力、浓度）的变动，会导致平衡的转移，这种转移将引起一种和该变动因素符号相反的变化。"

溶液理论是对溶液行为的研究，从有机物溶液某些性质（渗透压、凝固点降低、沸点升高、蒸气压降低等）的依数性规律的发现和研究开始。1887年，瑞典物理化学家阿伦尼乌斯提出了酸、碱、盐（电解质）溶于水后自发地离解成荷电的正、负离子的"电离学说"，并认为溶液越稀，电离度越大。这一学说正确解释了这类溶液依数性的反常，还解释了溶液中的反应热、沉淀、水解、缓冲作用、指示剂变色等一系列问题。

19 世纪，化学动力学主要研究化学反应速率问题。到 1899 年，阿伦尼乌斯提出反应速率取决于活化分子的浓度，温度升高能够使活化分子显著增加。活化能的概念从此建立。此外，作为化学动力学的分支，催化剂的机理研究和应用对化学理论和工业生产都意义重大。1895 年，德国物理化学家奥斯特瓦尔德正确判断出：催化剂不参加到化学反应的最终产物中，而只是改变反应速率；催化剂仅能加速反应平衡的到达，而不能改变平衡常数。

[五、20 世纪的化学]

20 世纪，化学与物理学、生物学等基础学科以及技术科学更加彼此依靠、相互促进，各种交叉、边缘学科大量出现。

20 世纪的化学基础研究几乎是数、理、化的完全融合。化学的发展也使传统的无机化学、有机化学和物理化学之间的界限日益模糊，每个重大的化学研究领域或课题几乎都是它们的相互渗透。20 世纪的化学研究与生产、技术、应用之间，从原来 17 世纪时强调相对独立，又转向了相互依托，结合日益密切，所以这时的化学研究往往以材料化学、能源化学、国防化学、医药化学、环境化学、生命中的化学等名目来归类、规划和组织。20 世纪化学的飞速发展在极大程度上受益于众多新型、高精仪器的及时研制与迅速商品化，化学实验的效率更是空前提高。在 20 世纪，化学家们从对分子本身问题（结构、性能、变化）的研究而建立结构化学、化学动力学、反应机理学等学科，走向研究和阐明分子之间的作用、结构、性能、应用，使化学科学在理论与应用方面都获得了极大的突破。

第七章　生命之谜——生物学史

[一、古代和中世纪的生物学]

古代人在采集、渔猎和农业生产的过程中，积累了动植物的知识；在抵御恶劣环境条件、防治瘟疫疾病的过程中也积累了医药知识。

约公元前 5000 年古巴比伦人及亚述人就知道枣椰树有雌雄之分。古代埃及人制作了木乃伊，表明已了解草药的防腐性能。公元前 1500 年印度的医学已较发达。公元前 6 ~前 5 世纪释迦牟尼时期就有医学学校，在梵文本的医书内记述了割治白内障、疝气等的手术知识以及 960 余种药草。中国幅员辽阔，动植物资源丰富。两晋时期学者郭璞的《尔雅注》是中国动植物分类研究史上的一个重要发展。明清时期，以《本草纲目》等为代表，对食用和药用动植物的研究将中国传统的生物分类学推向最高峰。

公元前 6 世纪，希腊哲学家阿那克西曼德提出生命是在泥土内自然发生的，最初产生动物和植物，以后产生人；最初的人像鱼，生活在水中，以后脱去鱼的外皮，到陆地上生活。在阿那克西曼德之后，亚里士多德是第一个系统掌握生物学知识的人。他在动物分类、解剖、胚胎发育等方面做了大量工作，著有《动物志》《动物的结构》《动物的繁殖》和《论灵魂》等。在动物分类方面，他所用的“属”和“种”是一种逻辑概念。在实际分类时，他一方面使用逻辑上的两分法，如有血或无血，有毛或无毛，另一方面也注意根据动物的外部形态、内部器官、栖居地、生活习性、生活方式等许多特征。他把动物分成有血动物与无血动物。他正确描述了哺乳类的特点，并能区分哺乳类的真胎生和哺乳类以外的卵胎生。他描述了500多种动物，并对其中50多种做了解剖。他根据物质的热、冷、湿、燥4种特性，把热、湿列于冷、燥之上，依此形成的生物阶梯图把温暖、潮湿的人和哺乳类排在生物的顶端，把低等植物排在底层。在对动物发育的观察研究基础上，他把动物的繁殖分为有性、无性与自然发生三类。提出灵魂是生命与非生命物质的区别，而灵魂又有植物性、动物性与理性三个等级。这些开创性研究使亚里士多德被公认为生物学的创始人。在亚里士多德之后，亚历山大学派的希腊医生、解剖学家希罗菲卢斯把人体结构与大型哺乳类结构进行了比较。认识到脑是神经系统的中枢，智慧的所在，并把神经区分为感觉神经和运动神经，把血管区分为动脉与静脉。稍后，希腊生理学家、医生埃拉西斯特拉图斯精确地描述了心脏，把心脏看作一个水泵，把瓣膜看成是单向泵中的可动阀门。他研究了动脉与静脉在人体内的分布，猜测有毛细血管存在。

亚里士多德

公元前1世纪罗马人的版图不断扩大。他们比较重视实用，因此与农、医有关的生物学有一定的发展。如迪奥斯科里德斯随罗马远征军到过许多国家，广泛考察了植物。他的《医药资料》一书是西方最早的本草学著作。同时代的老普林尼著有《博物志》37卷，详细记述了多种动植物的习性及其同人类生活的益害关系，对后世有较大影响。

中世纪虽然长约1000年，但生物学没有什么重大发展。12世纪植物学和动物学开始从医药、兽医方面独立出来。13 世纪科学活动的重点移到了欧洲。1200 ~ 1225 年，亚里士多德全集被译成了拉丁文。德国学者大阿尔伯特的动物学、植物学著作虽仍以亚里士多德的学说为基础，但已补充了许多新的观察事实。随后，意大利成为中世纪最活跃的科学中心。14 世纪初，意大利解剖学家蒙迪诺•戴•柳奇亲自解剖尸体，纠正了前人的一些错误，于 1316 年出版了《解剖学》一书，在阐述人体结构时也记述了器官的功能，使中世纪的解剖生理学达到了高峰。

[二、近代生物学的产生与发展]

文艺复兴后的 17 世纪，生理学继解剖学成为医学的重要部分。实验方法也继观察、描述、比较和推测之后开始在生物学中应用。

文艺复兴时期生物学上最重要的成就是英国医生、生理学家哈维建立的血液循环学说。哈维根据他对几十种动物所进行的实验与观察，首次认识到血液并非在静脉内涨落，而是从心脏通过动脉流向各种组织，再经静脉流回心脏的一种闭路循环。1628 年，他出版《动物心血运动的研究》一书，阐明血液在体内不断循环的新概念，指出心脏是主动收缩、被动舒张的；血液从心脏经动脉流向全身，是由于心脏收缩的机械力而不是缓慢的渗透过程。哈维首先把物理学的概念和数学方法引入生物学中，并坚持用观察和实验代替主观的推测，使他被公认为近代实验生物学的创始人。

文艺复兴后，地理探险和海外贸易迅速发展，到 17 ~ 18 世纪随着动植物标本的大量采集和积累，分类学得到了很大的发展，对物种的认识也从长期占主导地位的物种不变观点，逐步过渡到生物进化的思想。17 世纪显微镜的发明，揭示了动植物的微细结构与微生物世界，促进了组织学、细胞学、微生物学的发展。19 世纪人们开始发现动植物间的相似性与亲缘关系，形态学、比较解剖学、胚胎学、古生物学得到较大的发展。30 年代末，德国植物学家施莱登与生理学家施万建立了细胞学说。1859 年，达尔文进化论的建立对生物学及其他有关学科的发展产生了重大影响。19 世纪中后叶，物理、化学和数学的知识和研究方法逐渐渗入生物学的研究领域，使生物学向着更深的层次发展。

显微镜及动植物微细结构 1609 年，伽利略制成一台复式显微镜，并对昆虫进行观察。英国物理学家胡克于 1665 年用自制的复式显微镜观察软木薄片，发现有许多蜂窝状小空室并称之为细胞。这个名词一直沿用至今。意大利解剖学家马尔皮基开创了动物与植物的显微解剖工作。1660 年他通过向蛙肺动脉注水的方法，发现有连接动脉与静脉的毛细血管，证实了哈维未能观察到的由毛细血管连接动、静脉的血液循环。他系统地描述了植物各部分的结构，并且提出植物的各部分是由“小囊”（即细胞）组成的。荷兰显微镜学家列文虎克自制了许多性能优良的显微镜，最高的放大倍数达 270 倍。在 19 世纪显微镜改进之前，他首先看到并记述了细菌。

胡克的显微镜

分类原理 意大利植物学家切萨皮诺首先在其巨著《植物十六卷》中应用了一致的植物分类法。为提出一个易于鉴定的系统，他借用了亚里士多德通过逻辑区分的向下分类法。由于切萨皮诺在实际分类时先把植物分成自然类群，然后再寻找适用的关键特征，所以由他划分的 32 类植物整体上符合自然分类。他的分类系统对以后 200 年的植物学，包括对瑞典的林奈都很有影响。

林奈发展并完善了双名法，建立起一整套生物分类系统以及对应的分类方法，是近代植物和动物分类学的奠基人。林奈以雄蕊和雌蕊作为系统分类的基础，根据它们的数目与排列，把植物分成 24 个纲。1735 年，他出版了《自

林奈

然系统》一书，把自然物分为植物、动物、矿物三大界；把动植物各分成纲、目、属、种四个阶元，首次实现了植物和动物分类范畴的统一，增强了生物科学的整体性。林奈对动植物命名时采用由属名和“种加词”组成的双名名称，完善和推广了双名法。他起初用单个词代表属名，用几个词简述种的特征。以后改用两个词命名每种植物，并将此种方法扩展到动物方面。他统一采用拉丁文命名。属名采用大写的名词，种名采用小写的形容词。林奈认为种和属都是从一开始就被创造出来的，他以属作为分类基础，把向下分类法严格限制在属的水平。他强调的是“发现”属而不是“设置”属。林奈在确定属时，首先根据植物的外形，随后再详述其本质。因此，他划分的许多属符合自然分类。但他出于应用方便而划分的“纲”和“目”，则多是人为的。

林奈及其先驱大都认为自然界的多样性反映了某种深刻的秩序或和谐，但却归之为造物主的设计，这种人为的分类方法造成了许多混乱。从 17 世纪末到 19 世纪，逐渐兴起一种完全不同的方法，即向上分类法或综合分类法。这种方法把各个种归纳为相似的类群，再把相似的类群结合成更高的分类阶元。这种方法不仅方向相反，而且从依靠单一特征转向利用并同时考虑多种特征。但是经验分类学家根据“相似性”进行归类，并未考虑其中的因果性关系。直到达尔文运用进化论明确指出同一分类阶元内各成员间的相似性来自它们共同的祖先，才为进化分类学奠定了基础。

胚胎学研究　亚里士多德认为胚胎发育或是预先形成，或是从无结构状态分化而成，但他更倾向于卵是未分化的物质，受精后才开始形成器官。这是关于胚胎发育的先成论与后成论的最早起源。1677 年荷兰的列文虎克用显微镜发现精子。哈尔措克描绘了自称用显微镜看到的含有小人的精子。他们主张一切生命起源于精子。因此，先成论又以卵原论及精原论两种形式出现，直到 18 世纪仍占统治地位。18 世纪后叶，德国胚胎学家沃尔夫证明植物的叶、茎、根等，是由植物的生长点分化发育成的，鸡血管与肠道的形成也有一个过程，不是一开始就存在的，主张后成论的观点，但是由于先成论占很大优势，他的工作直到 19 世纪才被承认。

19 世纪早期，俄国胚胎学家潘德尔研究鸡胚发育，证明各种器官都是由原始胚层形成的。随后，俄国胚胎学家贝尔肯定了沃尔夫、潘德尔的观点，进一步提出：动物胚胎发育过程中出现四个胚层，以后形成各种器官。（后来德国生物学家雷马克改进了这个观点，认为一共只有三个胚层，即沿用至今的外胚层、中胚层和内胚层。）贝尔通过他的工作彻底否定了预成微小个体的先成论观点。他还发现了哺乳动物的卵；发现脊椎动物在胚胎发育过程中曾出现过脊索；提出高等动物的胚胎与低等动物并不相似，但高等动物的胚胎与低等动物的胚胎在发育的早期彼此却很相似的观点。这些出色的工作使贝尔被公认为近代胚胎学的奠基人。

微生物学研究　自列文虎克发现微生物到 18 世纪，微生物研究没有多大进展。19 世纪 30 年代，法国生理学家拉图尔于 1836 年、德国动物学家施万于 1837 年分别报道了酒精发酵与酵母有关。1857 年巴斯德在关于乳酸发酵的报告中指出，在糖变成乳酸的过程中有乳酸酵母（即乳链球菌）在起作用。1877 ~ 1881 年，巴斯德从事炭疽病研究。德国细菌学家科赫于 1876 年已揭示炭疽病杆状弧菌（后称炭疽杆菌）的生活史，指出了它的传病途径，并首先证明炭疽病是由细菌感染引起的疾病。1878 年，巴斯德检验炭疽病致死动物不同时间的血液，发现随着时间的延长，血液内的杆菌（炭疽杆菌）逐渐为败血弧菌所代替。这种现象说明了死后两三天的病畜血液内没有杆菌的原因。1878 ~ 1879 年，巴斯德发现鸡霍乱病菌经连续培养可减低毒性，使鸡得病而不死亡，由此试制鸡霍乱疫苗并获得成功。1880 年，他转向研究炭疽病疫苗，以后又研究猪丹毒和狂犬病疫苗，均获成功。19 世纪后期，在巴斯德、科赫等人工作的基础上，对免疫机制的研究形成了两个学派。俄国动物学家、免疫学家梅契尼科夫在研究炎症时发现微生物在血细胞内被消耗的现象，认为血细胞具有保护有机体、防止感染性物质侵袭的作用，提出细胞吞噬理论。科赫认为免疫依赖于血液和体液中诱导出来的某些因子，为以后免疫学说的发展提出了重要的依据。1892 年，俄国微生物学家伊万诺夫斯基发现烟叶可被能通过滤器过滤的花叶病汁所感染。1897 年，德国细菌学家勒夫勒证明，引起牲畜口蹄疫的也是一种可通过滤器过滤的病毒。这是揭开非细胞微生物——病毒奥秘的开端。

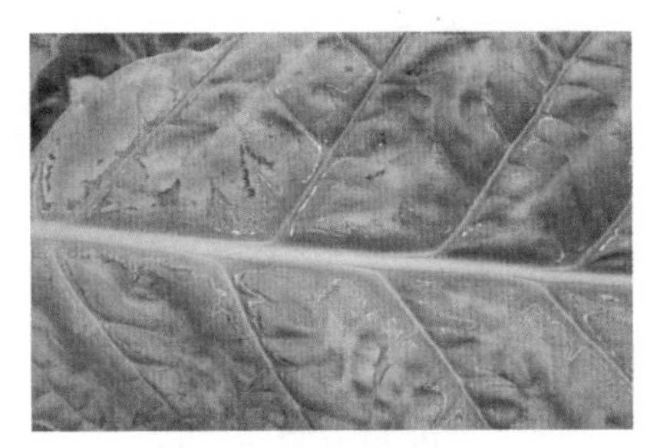

感染了病毒的烟草花叶

细胞学说的建立　1831年，英国植物学家布朗在兰科植物叶片表皮细胞中发现了细胞核。1835 ~ 1837年，捷克生物学家浦肯野及其学生瓦伦廷对构成动物某些组织的“小球”进行描述，并提到与植物细胞有相似性。1838年德国植物学家施莱登发表《植物发生论》，提出只有最低等的植物，诸如某些藻类和真菌是由一个单细胞组成的，高等植物则是各具特色的、独立的单体即细胞的集合体，因而认为细胞是组成植物的基本生命单位。还认为细胞的生命现象有两重性：一方面细胞是独立的，只与自身生长有关；另一方面又是附属的，是构成植物整体的一个组成部分。他研究植物的个体发育，发展了布朗关于细胞核的看法，认为核与细胞的产生有密切关系。施万获悉施莱登的研究成果而受到启发，认识到从细胞核入手对论证植物细胞与动物细胞的一致性有重要意义，于1839年出版《动植物结构和生长一致性的显微研究》，提出了细胞学说。他提出一切动物和植物都是由细胞组成的，有机体的各种基本组成都有一个共同的发育原则，即细胞形成的原则，并认为细胞是生命的基本单位。一切有机体都从单个细胞开始生命活动，并随着其他细胞的形成，不断发育成长。细胞学说建立后的主要进展是原生质理论的建立和动植物细胞有丝分裂、减数分裂一致性的证实。

拉马克

进化理论的确立　法国生物学家拉马克早期研究植物时，相信林奈的物种不变说。后来，他通过软体动物化石研究及与近代种类的比较研究，发现其间的相似性，才相信存在着许多种系系列，在整个历史时期内经历着缓慢的渐变。他于1800年开始持有这种进化观点，并在1809年出版的《动物学哲学》一书中对有关进化的问题进行了全面系统的讨论。

他认为物种变异的机制主要是用进废退和获得性遗传。拉马克学说由于思辨性较强，不少解释缺乏事实根据，因此很少为生物学家所接受。19 世纪前期，自然神学在英国学术界有很大影响，在达尔文的《物种起源》出版之前，在英国接受进化思想的人极少。

达尔文于 1831 年参加贝格尔舰的环球航行，在 5 年航海生活中观察到大量的现象，收集到丰富的材料。南美洲从北到南相似的动物化石类型逐渐更替，加拉帕戈斯群岛的地雀既具有南美大陆鸟类的特性，又在岛屿之间略有差异。这些现象使他产生了物种渐变的想法。1837 年 3 月，当达尔文从鸟类学家古尔德处获悉，在加拉帕戈斯群岛的三个岛屿上采集到的地雀确有种的差异时，他终于认识到地理因素引起物种形成的过程，从而否定了物种不变的观念。1837 年 7 月他开始就物种变异问题进行写作，他相信自然界的一切变化都是逐渐的而不是突然发生的。1838 年 10 月他阅读马尔萨斯的《人口论》时，体会到在动植物界生存斗争始终在进行着，在这样的环境条件下有利的变异将被保存，不利的变异将被消灭，其结果就是新种的形成，因而得出了自然选择的理论。从 1858 年起到 1859 年 3 月，达尔文完成了《物种起源》一书的写作。1859 年 11 月 24 日《物种起源》出版，当天即被抢购一空。同时，《物种起源》也遭到了学术界、宗教界等方面的强烈反对，甚至恶毒诽谤。这主要因为达尔文以自然界的规律代替了“造物主的智慧”，并直接涉及人类自身的由来及历史，使宗教的基本信念发生了动摇，导致科学与宗教间的更深刻冲突。但是《物种起源》也受到英国和其他国家一些学者的积极支持，像英国的赫胥黎、德国的海克尔等，都为达尔文进化论的传播做出了重要贡献。

达尔文

遗传规律的发现　孟德尔对植物杂交和遗传现象很感兴趣，1856 年开始从事豌豆杂交试验，由于受翁格尔关于研究变种是解决物种起源的关键这一思想的影响，他采用了种群分析法，而不是研究单个个体。他选择了豌豆品种这一理想材料作为研究对象，把工作限于彼此间差异十分明显的单个性状的遗传过程，这使统计分析实验结果变得十分便利。经过8年研究，孟德尔于1865年报告了他的实验研究结果，主要包括：①分离规律。杂交第一代通过自花授粉所产生的杂种第二代中，表现显性性状与表现隐性性状个体的比例约为3 ∶ 1。②自由组合规律。形成有两对以上相对性状的杂种时，各相对性状之间发生自由组合。为解释这些结果，孟德尔提出一些假设：如遗传性状由遗传因子所决定；每一植株含有许多成对的遗传因子；每对遗传因子中，一个来自父本雄性生殖细胞，一个来自母本雌性生殖细胞；当形成生殖细胞时，每对遗传因子互相分开，分别进入一个生殖细胞等。他的实验结果及其假设表明遗传绝不是融合式的，而是“颗粒式的”，亦即决定某一相对性状的成对遗传因子在个体内各自独立存在，互不沾染，不相融合。可惜的是，此后的35年间，他的成就并没有对同时代的生物学家或有关遗传的研究产生影响。直到1900年，孟德尔的研究才被人重新发现。

孟德尔

[三、20世纪的生物学]

20世纪的生物学由于越来越多地受到化学、物理学、数学从原理到方法的巨大影响，在微观方面向着生物大分子的水平发展，在宏观方面生态学向着生态系统的水平发展。

20世纪生物学的各个分支学科，包括分类学、生理学、进化论等都取得了重要进展，但促使生物学发生根本变化的主要分支则是遗传学、生物化学和微生物学。遗传学的研究从1900年孟德尔定律的再发现以后与细胞学相结合，随之建立了基因论。到30年代，基因论已被公认是在生物个体水平和群体水平上研究性状遗传的指导理论。遗传学也因而在生物学中甚至在整个科学中占有重要地位。生物化学自 1877 年提取出离体的“酿酶”以后，对生物体内新陈代谢的研究进展迅速，到 40 年代生物体内分解代谢途径已基本阐明。同时，酶的本质和生物能的研究也有长足进展。对蛋白质、核酸、碳水化合物、脂肪等生命基本物质则不仅阐明其基本组分，并且开始了三维结构的探索。微生物学除了对霉菌、细菌继续研究外，在 30 ~ 40 年代还阐明了病毒与噬菌体的本质。这三个分支学科各自的发展和相互交叉，为分子生物学的出现奠定了基础。

第二次世界大战以后，生物学发生了质的飞跃。1953 年 DNA 双螺旋结构的发现标志着分子生物学的诞生，也标志着生物学开始揭开生命之谜。此后，遗传密码的破译，DNA 重组技术的建立，不仅创建起分子遗传学，而且使肿瘤学和免疫学都在分子水平上取得突出成就。神经生物学，特别是在大脑的研究方面，也出现重大突破。

第八章　地球之变——地理学与地质学史

[一、地理学发展史]

地理学发展史可以分为古代、近代和现代三大阶段。

古代地理学（上古时期至 18 世纪末）　中国“地理”一词出现在《周易·系辞》，“仰以观于天文，俯以察于地理”，迄今有两三千年的历史。现代英语中的“geography”来自于古希腊文字，也有两千多年的历史。古代地理学的特点是以地理知识的描述性记载为主，学科内外分化不明显，具有显著的地域差异。

上古时期（公元前 10 世纪前后至公元 3 世纪）的地理思想和著作主要出现在古埃及、美索不达米亚、中国、印度、古希腊和稍后的罗马帝国等古代文明中心。它们各具特点，其中以中国和古希腊、罗马最为重要。

中国在春秋战国时期，出现了各种流派的人地关系思想。老子提出“人法地，地法天，天法道，道法自然”，重视自然规律并具有地理唯物论见解。《周易》认为存在阴阳两种对立力量，在它们的作用下自然界发生变化。因此在地理书籍中，山的阴坡和阳坡、河的北岸和南岸均以阴阳区分，这种称呼沿袭至今。以八卦表示八个天象和地理方位，同样始于中国。《内经•素问》这本最早的医书将木、火、土、金、水类比为东、南、中、西、北五个方位和春、夏、长夏（暑）、秋、冬五个季节。战国时代的《尚书•禹贡》和《管子•地员》是中国最早的综合地理作品。前者按地理特征将古代中国版图分为九州，并概要记载各地自然条件、经济活动和物产交通。后者探索了中国土地的分类和山地植物的垂直带谱，是世界上最早对土地进行系统分类的作品。

古希腊、罗马地理学继承了古埃及地理学运用数学探讨地理现象的传统，成为西方地理学发展的源流，其奠基人是公元前5世纪的希罗多德。希罗多德最早探索了历史上的人地关系，并讨论了区域的界线。希波克拉底则探讨了环境对人类行为的影响。稍后，德谟克利特对宇宙的无穷性、大气现象的原因、生物对气候的依存性以及地理环境与人类社会的关系进行了观察和推测。柏拉图则认为圆的地球位于宇宙中心。这也是最早的大地球形说观点。柏拉图的学生亚里士多德认为，地球和天体都是由质料构成的。通过实验、实地观察和归纳总结，亚里士多德最终证实了大地球形说。

古希腊晚期和罗马帝国时代，是西方古代地理学建立时期。代表性人物主要有古希腊的埃拉托色尼和罗马时代的斯特拉波、托勒玫。埃拉托色尼被西方地理学界尊为“地理学之父”，是古代数理地理的创始人。他不仅第一次合成了“geographica”（意为“地理学”或“大地的记述”）这个术语，而且用两地竿影换算出弧度，确定了地球的周长是252000希腊里（约折合为39690千米），接近于近代的实测值。他还发展了亚里士多德的居住适应地带学说，将世界分为欧洲、亚洲和利比亚（以后的非洲）三个地区，以及一个热带、两个温带和两个寒带等五个地带，并首次根据经纬网绘制世界地图。斯特拉波整理了荷马史诗以来的古代地理知识，继承亚里士多德和埃拉托色尼的居住适应地带学说，利用当时商业航海的记载并结合自己一生旅行见闻，写成17卷《地理学》，较详细地记载了当时以地中海为中心的罗马帝国地理情况，是西方区域地理的先声。托勒玫的名著《地理学指南》(8 卷)，内容包括地图投影、各地的经纬度表和绘有经纬度的世界地图。这部著作对近代地图学的发展起了重要作用。他的地心说统治人类的思想达 1500 年之久。

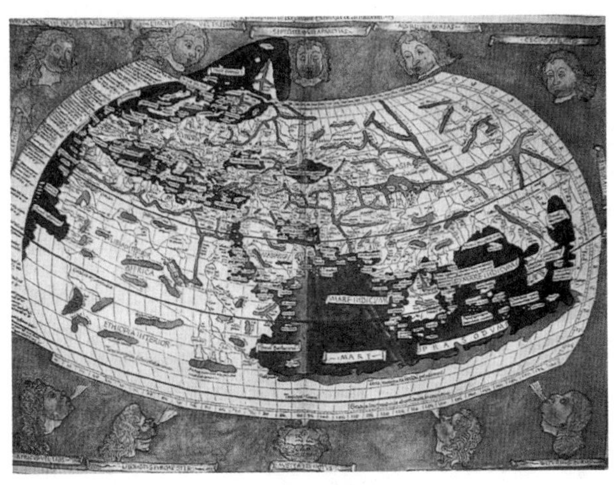

托勒玫地图

在中古时期（4 ～ 14 世纪），中国、阿拉伯的地理知识和地理思想有长足的进步，欧洲的地理知识和地理思想则出现了停滞和倒退。

这个时期，中国在方志、沿革地理、域外地理、自然地理和地图等方面都有很大的成就。如法显的《法显传》、玄奘的《大唐西域记》，至今仍是研究中亚、印度历史地理的重要文献；郦道元的《水经注》至今仍为考证中国水资源和水环境演变的重要著作；沈括的《梦溪笔谈》一书提出了河流的侵蚀、搬运和堆积作用，并用以解释华北平原形成的原因，较西方类似的见地早 4 个世纪。

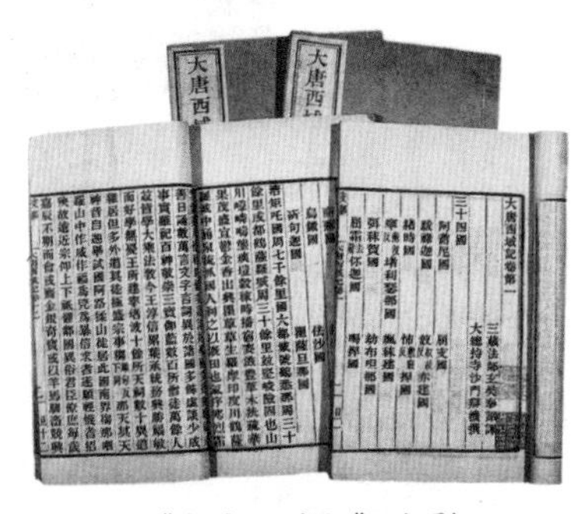

《大唐西域记》书影

在阿拉伯世界从 7 世纪开始，伊斯兰教统治了中亚、西亚、北非和伊比利亚半岛，伊斯兰世界成为东西方交流的枢纽。这一时期涌现了许多伟大的阿拉伯旅行家，如马苏第等。十进位制和罗盘也是由中国经印度和阿拉伯世界传入欧洲的。古代阿拉伯地理学的成就不应忽视，如921年，巴尔基编成了第一本《世界气候图集》；稍后，马克迪西提出将世界分成14个气候区的方案；11世纪早期，阿维森纳观察中亚山区，提出褶曲抬升山岳的运动和侵蚀切割地形的均变过程。

中世纪欧洲未能继承古希腊、罗马在地理方面的优秀传统，试图用宗教和占星术来解释一切地理现象。如6世纪商人科斯马斯著《基督世界地形》，以地平说代替球形说。这种情况一直到12世纪以后，才开始出现某些转机。

近古时期（15 ~ 18世纪）的重大事件是中国的郑和“七下西洋”和西方的地理大发现。虽然，郑和下西洋的时间比由哥伦布开始的地理大发现早半个多世纪，船队的规模、航海的技术也远胜于哥伦布，然而其社会意义和对地理学的影响远不及地理大发现。

葡萄牙里斯本港内的帆船和大航海纪念碑

各民族之间的相互旅行探险，古已有之。但是，旅行探险同地理大发现不是一回事，哥伦布的新大陆之行，开创了人类历史的新纪元，即西方由中世纪封建制向近代资本主义制度的过渡阶段。地理大发现给地理学带来的影响是巨大的：①在地理大发现期间，在远程航行中成功地运用了罗盘，并精密地测定了经度，技术的改进和数据的积累导致了地图学的革新。16 世纪初，亚皮安绘制了一个地球的心状图，其弟子墨卡托于 1569 年绘成了一幅适用于航海的等距圆柱投影世界全图，成为第一个将整个地球表面描绘在平面上的人，尔后又编绘《墨卡托地图集》。在中国，意大利传教士利玛窦编绘的世界地图，改变了中国学者“天圆地方”“华夏居于寰宇之中”的旧观念。② 15 世纪末到 18 世纪的地理探险和发现，促使一些学术价值较高的地理著作诞生。德国明斯特尔的《宇宙志》于 1544 年出版，被认为是地理大发现的早期代表作。德国瓦伦纽斯的《普通地理学》首次将地理学领域区分为专论和通论两大部分，前者描述地区特征，后者揭示全球性法则。同时期（即明代末期），中国的一些学者也进行了实地考察和理论探索工作，如徐霞客的《徐霞客游记》已有不少成因方面的论述。③ 15 世纪 20 年代到 17 世纪 20 年代，西欧出现了文艺复兴，艺术和科学得到蓬勃发展，从而使学者能对自然界和人类活动的某些法则进行概括。当时的地理考察和发现，为哲学家和科学家提供了丰富的自然、人文及二者关系的具体素材。新生的地理唯物论又给予地理学发展以难以估量的影响。17 世纪法国哲学家孟德斯鸠提出的气候决定论，18 世纪德国哲学家康德的二元论，均成为近代地理学的方法论基础。

墨卡托

总之，15 ~ 18 世纪，地理学处于由古代向近代转变的时期。西方地理学用了 3 个多世纪，完成了技术革新、资料积累和建立地理唯物论的哲学基础三方面的准备，为欧美近代地理学的建立创造了前提。中国在明末清初，亦开始进行关于整体地表规律的探索，但由于技术手段缺乏创新、科学资料积累不够，特别是统治者仍鼓吹天命论等原因，导致新的地理学无法兴起。

近代地理学（19 世纪至 20 世纪 50 年代） 这一时期的地理学呈现同工商业社会相适应的知识形态。特点是以对地球表面各种现象及其关系的解释性描述为主体，其逻辑推理和概念体系渐趋完善，学科日益分化，学派林立。德国为近

洪堡

代地理学的发源地，较早受其影响的是法、英、俄、美等发达国家，其后扩散至包括中国在内的不发达国家。

19 世纪初期至 19 世纪后期是近代地理学的产生时期，这一时期最杰出的人物是德国的洪堡和李特尔。洪堡是自然地理学和植物地理学的创始人，代表作是《宇宙》。他毕生致力于考察自然界，足迹遍布欧洲和南北美洲。他提出的世界年均温等值线图、大陆性概念、植物纬向水平地带学说，是地理学的重要理论。李特尔是德国第一个地理学讲座教授和柏林地理学会的创建人。他的名言是“土地影响着人类，而人类亦影响着土地”。李特尔被认为是近代地理学中人地关系的最早阐发者和人文地理学的创始人。他对区域的开创性见解，集中于 19 卷的《地学通论》中。他还认为地理学的基本概念是差异性中的一致性，并将这门学科分为两个基本部分：系统地理学和区域地理学。

李特尔

19 世纪末至 20 世纪 50 年代是近代地理学的发展时期。19 世纪末，德国李希霍芬将地球表面分为 4 个圈（岩石圈、大气圈、水圈和生物圈），认为地理学是研究地球表面及其有成因联系的事物和现象的科学。20 世纪初，瑞典德 • 耶尔充实了关于地球表面的内容，认为它是岩石圈、水圈、大气圈、生物圈和人类圈 5 个圈的交互重叠地带。这样地理学的定义变得更加具体化。继地质学、人类学之后，近代地理学也作为基础自然科学开始发展。19 世纪的亚、非大陆内部勘测，美国的西部大考察，澳大利亚的沿岸开发以及南、北极的探险，均为地理学积累了大量第一手资料。同时，测绘技术的进步，促使一批较精确的国家和世界地图或图集出现。西方发达国家的大学大量设立地理系，地理学开始成为一个职业领域。地理学进一步发展，各分支学科的分化随之出现。在气象学、海洋学、土壤学等学科独立发展后，

李希霍芬

一些地理学家强调区域或景观的方向，另一些学者则推行人文化运动，使地理学的人文分支蓬勃发展。20世纪30年代以后，地理学开始逐渐向经济工作领域发展。

中国近代地理学的出现较西方各国要晚近一个世纪，但也有不少成果。如竺可桢的《中国气流之运行》和《东南季风与中国之雨量》，揭示了中国气压场、季风、降水及其相互关系的规律性；丁文江、翁文灏和曾世英于1934年编绘出《中华民国新地图》，这是中国第一本采用分层设色等高线表示地形的地图集。

竺可桢

现代地理学（20世纪60年代以来） 这一时期，以科技社会、信息社会的发展为背景，地理学进入新的阶段。第二次世界大战后，东西方国家在经济建设和规划方面提出了众多任务。地理学对新的城市、区域和环境规划尚难适应。20世纪50年代起，系统论、控制论和信息论等综合科学方法论迅速兴起，电子计算机广泛应用，使很多学科包括地理学转入现代化阶段。这一阶段地理学的整体特点是：①将人类居住的地球表面看作统一的复合系统，地理学本身的结构和体系已趋向于世界性的一元化。②对地理现象的解释由采用单纯的类型归纳法，过渡到兼用理论演绎、实验反馈和模式化的方法。③采用定性和定量相结合的方法，对纷繁复杂的地表机理进行确定性研究。进入21世纪后，由于人口增长过快、资源日显枯竭、环境污染渐趋严重、经济社会不可持续发展等与地理学相关的问题危及人类的前途与未来，因此世界各国的地理学家应该联合起来，积极地开拓与创新，让地理学为人类的未来做出更大的贡献。

[二、地质学发展史]

地质学英文名词“geology”来源于希腊文，以大地之母盖亚（Gaea）的名字命名。1779年瑞士学者索绪尔在《阿尔卑斯山纪行》中第一次使用了地质学这个词，并给予了现代的含义。恩格斯曾说：“地质学按其性质来说，主要是研究那些不但我们没有经历过，而且任何人也没有经历过的过程。”

地质学是研究地球的物质组成、结构构造、外部特征、各圈层间的相互作用和地球演变历史的学科。地球是人类栖身之所，衣食之源。观察、研究地球，利用地球资源，对地球的现状、历史和将来建立起科学的系统认识，是人类社会继续向前发展的需要。自文明出现以来，人类对地球历史的认识不断发展和深化，而具有现代科学意义的地质学，是19世纪30～40年代才形成的。

远古时代　地质学来源于人类生活和生产实践。早在新石器时代，人类就具有某些地质知识，诸如居住地的选择，石头、矿物的识别与运用。这在中国、印度、埃及、巴比伦等的考古、文化记载中都可找到考证。其中记述了一定的地质思想和知识，特别记述了较高水平认识和使用岩石、矿石、矿物、金属的状况和历史。

地壳运动造成的陡峭的岩层

古希腊罗马时代　这一时期，哲学学派林立。科学家、自然哲学家对物质的组成、宇宙成因、地球起源有着各种解释和推论，如泰勒斯的主水论、赫拉克利特的主火论，其他有大气论、四元素论、微粒子论、原子论，以及地动说、地球中心说、同心天体说等。对地质思想发展影响较深的是毕达哥拉斯和亚里士多德的宇宙论，以及斯特拉波的《地理学》。它们也代表了这个时期地学思想的最高水平。

斯特拉波

中世纪　由于采矿业的发展、矿产资源利用的扩大，在找矿和冶炼的活动中，人们的地质知识逐渐积累和丰富起来。正当欧洲文化处于“黑暗时代”时，阿拉伯国家却升起了科学文化发展的曙光，在继承希腊、罗马科学文化以及朴素的自然观的基础上，创造了光辉的以阿拉伯文化为主的中亚文化，出现了一批著名的学者，如比鲁尼的《识别贵重矿物的资料汇编》，阿维森纳的《矿物形成与分类》等。

文艺复兴至 18 世纪　这一时期，地质思想有了颇大的发展，地质矿产知识不断积累。意大利达•芬奇的《地球与海洋》中记述了海陆变迁、山脉形成，特别是对于生物化石及其成因做了科学的解释。德国阿格里科拉的《论金属》，总结了当时欧洲矿业开发以及矿产地质的丰富资料。哥白尼《天体运行论》发表以后，使自然科学从神学中解放出来，包括地球在内的日心体系的建立，揭开了近代地质学诞生的序幕。1664 年法国的笛卡儿、1680 年德国的莱布尼茨先后以思辨性的天体演化假说观点论证了地球形成理论。1669 年丹麦的斯蒂诺提出地层层序律。此外，英国胡克的《论地震》，巴涅特的《神圣的地球理论》，俄国罗蒙诺索夫的《论地层》，法国德马雷关于玄武岩成因的论述，瑞士索绪尔的《阿尔卑斯山纪行》等，也都反映了

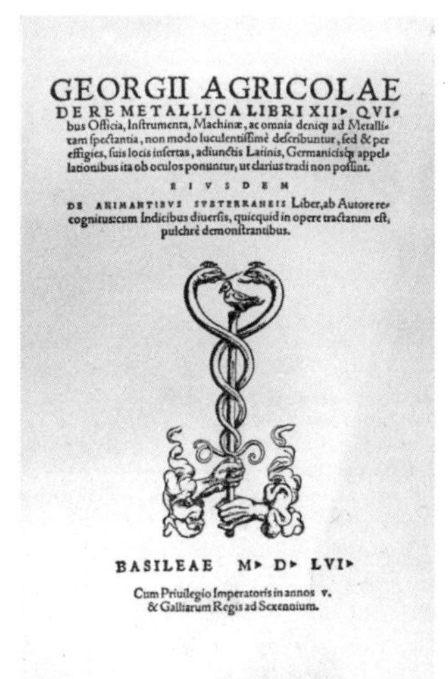

GEORGII AGRICOLAE
DE RE METALLICA LIBRI XII▸ QVIbus Officia, Instrumenta, Machinæ, ac omnia deniq; ad Metallicam spectantia, non modo luculentissimè describuntur, sed & per effigies, suis locis insertas, adiunctis Latinis, Germanicisq; appellationibus ita ob oculos ponuntur, ut clarius tradi non possint.

EIVSDEM

DE ANIMANTIBVS SVBTERRANEIS Liber, ab Autore recognitus: cum Indicibus diuersis, quicquid in opere tractatum est, pulchrè demonstrantibus.

BASILEAE M▸ D▸ LVI▸

Cum Priuilegio Imperatoris in annos v. & Galliarum Regis ad Sexennium.

《论金属》扉页

莱伊尔

16 ~ 18 世纪地质思想的发展。

近代地质学理论的形成与建立 18 世纪下半叶，以德国的维尔纳为首的弗赖堡水成学派，和以英国的赫顿为代表的爱丁堡火成学派，进行了长期论战，推动了矿物学、岩石学的发展，丰富了近代地质学理论内容，奠定了现实主义思想的理论基础。19 世纪初，英国的史密斯根据岩层所含生物化石，提出了确定岩层相对年代的思想和方法。法国地质学家布龙尼亚尔以及居维叶建立了古生物学的方法，提出用生物地层学建立地质年代表。1812 年居维叶提出灾变说，遭到拉马克等进化论学派人士的否定。19 世纪 30 年代，英国的莱伊尔的《地质学原理》提出了渐进论，否定了灾变论，并为近代地质学建立了比较历史的地质方法，创立了地质现实主义的“将今论古”原则，进而完善了地质学的理论体系，标志着科学地质学的建立。19 世纪中叶以后，大地构造理论开始建立。1859 年美国人霍尔提出了地槽概念，后为丹纳所论证；1885 年修斯提出了地台概念，1900 年为法国人奥格所论证，从而建立起地槽学说。

地质科学蓬勃发展时代 20 世纪初，德国的魏格纳提出大陆漂移说，向占统治地位的地球固定论提出了严峻的挑战。20 世纪 50 ~ 60 年代以来，由于实施了国际地球物理年、国际深海钻探计划，科学家取得了地球物理学和海洋地质学方面的新资料。60 年代中，实施了国际上地幔计划，发现了地磁极性倒转，论证了地幔对流理论和大陆漂移说，提出了海底扩张说、大洋中脊以及转换断层理论，从而建立起地质学的全球观念——板块构造说，使地质学理论进入一个崭新的阶段。70 年代，由于实施了国际地球动力学计划，地幔岩石学和地幔地球化学的研究，不仅进一步为板块构造理论提供了有说服力的论据，同时也丰富了地球起源认识论上的内容；此外，还进一步论证了地球物质的非均一性，地球物质运动从平

魏格纳

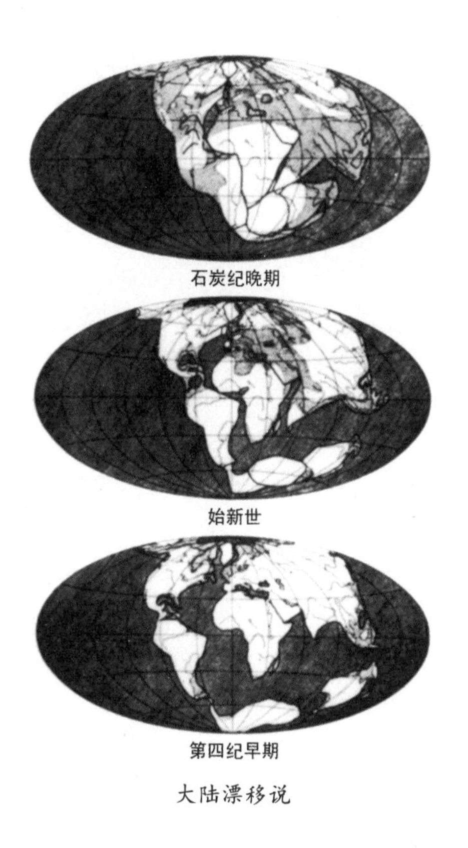

大陆漂移说

衡到非平衡，从封闭到开放，彼此互为因果。80 年代以来，实施了国际岩石圈计划、国际地质对比计划、深海钻探计划、大洋钻探计划、大陆钻探计划，从已经获得的数据资料中，又进一步论证和完善了板块构造地质学的理论，推动了地球科学的新思维、新概念、新地球观的涌现。

第九章 翱翔之梦——航空航天史

[一、航空史]

航空技术是20世纪迅速发展、对人类社会影响巨大的科学技术领域之一。

在18世纪开始的产业革命推动下，1783年法国蒙哥尔费兄弟的热空气气球和查理的氢气气球相继升空。1903年12月17日，美国莱特兄弟用自己制造的飞机，实现了人类首次持续的、有动力的、可操纵的飞行，开创了现代航空的新纪元。两次世界大战刺激了航空科学技术的发展，军用飞机的性能不断提高，使战争从平面向立体转化。民用航空运输事业的发展，使飞机成为与经济发展和人民生活息息相关的交通工具。第二次世界大战以后，喷气式飞机的出现，使飞机突破了声障，是航空发展史上的又一次重大突破。高性能的超声速军用飞机，对现代军事技术产生了重大的影响。经济、安全、舒适的喷气式客机成为民用航空运输的主力，改变了现代交通运输的结构。电子技术和新材料的应用使航空科学技术经历了一场重大的变革。

飞行的探索时期（20 世纪以前） 1783 年 6 月 4 日蒙哥尔费兄弟进行了自己制作的热气球表演。1783 年 10 月 21 日罗齐埃和达尔朗德乘热空气气球上升到 1000 米，飞行 25 分钟。法国物理学家查理用涂以橡胶的绸制成了氢气球（查理气球）。1783 年 8 月 27 日，氢气球在巴黎上升到约 915 米，飘行了约 25 千米后降落。1785 年 1 月 7 日，法国布朗夏尔和他的一个伙伴乘氢气球从英国多佛飞越英吉利海峡到达法国，这是人类乘航空器首次飞越这个海峡。

最早的飞艇是法国吉法尔于 1852 年制成的蒸汽气球。1894 年德国的齐伯林伯爵完成了硬式飞艇设计，1900 年制成 LZ–1 号飞艇，长 128 米。第一次世界大战前后，德国建立了齐伯林飞艇队，用于海上巡逻、远程轰炸和空运等军事活动，曾多次用飞艇对伦敦进行轰炸。第一次世界大战后，齐伯林公司又造了两艘巨型飞艇——“齐伯林伯爵”号和“兴登堡”号，在欧洲到南美和美国的商业航线上飞行。“兴登堡”号飞艇长 245 米，内部陈设豪华，可载 75 名旅客，速度 130 千米 / 时。1937 年 5 月 6 日从德国飞往美国时，在美国新泽西州莱克赫斯特上空，它的上部垂直尾翼忽然起火，36 人遇难，从此结束了飞艇的商业航行。

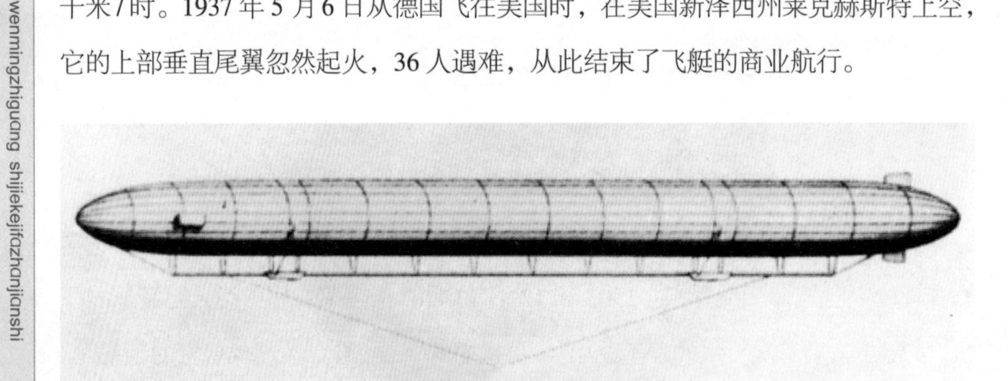

1900 年的第一艘齐伯林飞艇 LZ–1 号

1936 年的“兴登堡”号飞艇

19 世纪初英国人凯利首先提出了利用固定机翼产生升力和利用不同的翼面控制和推进飞机的设计概念。由多年来尝试的扑翼转向定翼，是飞机走向成功之路的第一步。德国的李林达尔从 1867 年起研究滑翔，1891 年设计并制成一架滑翔机，1893 ~ 1896 年间做了约 2000 次滑翔飞行，滑翔距离曾达 300 米。他的最终目的是在滑翔机上安装发动机。但李林达尔在 1896 年的一次飞行中失事遇难。

李林达尔的滑翔飞行

活塞发动机飞机时期（20 世纪初至 40 年代中期） 莱特兄弟在李林达尔滑翔飞行活动的鼓舞下制造了滑翔机。在 1902 年 9 ~ 10 月，进行了近千次飞行，取得成功。1903 年，莱特兄弟设计和制造了“飞行者”1 号飞机，这架飞机采用 8.8 千瓦（12 马力）的水冷 4 缸活塞发动机和高效率的螺旋桨。机体主要为布、木材加钢管的结构。1903 年 12 月 17 日，莱特兄弟驾驶“飞行者”1 号飞了 4 次。首次飞行时间 12 秒，距地面 36.6 米。第四次飞得最远，约 260 米，留空 59 秒，这是人类最早的持续的动力飞行。在欧洲，1909 年 7 月 25 日法国的布莱里奥驾驶自己设计的“布莱里奥”11 号单翼机，首次飞越了英吉利海峡，这是最早的飞机国际飞行。1910 年 11 月 14 日在美国进行了飞机从航空母舰上起飞的试验。1913 年 2 月 25 日，俄国西科尔斯基设计的 4 发动机大型飞机“伊利亚•穆罗梅茨”号首次飞行成功，在第一次世界大战中被用作重型轰炸机。1914 年俄国飞行员聂斯切洛夫完成了第一个飞机特技飞行——筋斗。飞机初步显示了它的军事潜力。

飞机在军事上的最早应用是在 1911 ~ 1912 年意大利侵略土耳其之战，主要用于侦察。1914 年 8 月 22 日，协约国的飞机在比利时前线进行了第一次侦察，侦察机在空中相遇时，飞行员常用手枪射击，于是产生了驱逐敌机的需要，出现了驱逐机。驱逐机于 1914 年 10 月 5 日首先进行了空中格斗。1915 ~ 1916 年，德国装有射击协调器的福克 E–3 单翼驱逐机取得很大成功，在对地攻击方面先是用手榴弹和炮弹从飞机上进行轰炸，后来发展了专用的航空炸弹和航空瞄准具。1914 年 11 月 21 日英国用爱弗罗 504 型轰炸机深入德国境内对齐伯林飞艇工厂进行轰炸。1915 年 12 月 19 日，德国容克斯铝合金悬臂式单翼机制成，大战末期德国曾将这种飞机作为对地攻击的强击机使用。美、英两国还开始建造航空母舰和舰载作战飞机。第一次世界大战结束时，飞机的飞行时速由 80 ~ 115 千米提高到 180 ~ 220 千米。升限由 3000 ~ 5000 米提高到 8000 米，航程增大到 440 千米。在第二次世界大战中，空军已成为重要的军种。飞机生产量达到高峰，美、英等盟国生产了约 40 万架，全世界共生产了约 100 万架。

第二次世界大战早期的美国战斗机 P–38

在民用航空方面，德国首先在 1919 年 2 月建立了国内航线，同年 8 月 25 日，英法建立了国际定期空中客运航线，使用经过改装的轰炸机。1919 年 6 月 25 日德国容克斯公司专门设计和制造出全金属下单翼 F–13 民航机。机上装有一台 136 千瓦（185 马力）的活塞发动机，可载乘客 4 人和空勤人员 2 人。1920 年，英国汉德利 – 佩奇公司制造了能载 12 名乘客的双发动机旅客机。20 世纪 30 年代为提

波音 247 旅客机

高飞行速度，旅客机采用了流线型的空气动力外形，提高了客舱内部的舒适性。首先体现这些特点的是波音 247 旅客机。

喷气飞机时期（20 世纪 40 年代中期以来）　德国奥海因在 1937 年 3 月研制成功推力为 5000 牛（500 千克力）的 HeS–3B 轴流式喷气发动机，1939 年 8 月 27 日，装有此发动机改型的 He–178 飞机试飞成功，最大速度 700 千米 / 时，成为世界上第一架成功飞行的喷气飞机。第二次世界大战后，军用飞机和民航机先后喷气化。后掠机翼理论在 1935 年就已提出，飞机采用后掠机翼可以延缓出现跨声速时不利的空气动力特性。1947 年苏联和美国分别研制了后掠角为 35° 的米格 15 和“佩刀”F–86 喷气战斗机。中国人民志愿军空军在抗美援朝中曾用米格 15 与美国 F–86 飞机作战，是喷气战斗机第一次应用于空战。

30 年代后期，活塞发动机螺旋桨飞机的最大平飞速度已达 700 余千米 / 时，俯冲中接近声速时，飞机发生剧烈抖振、不稳定，甚至失去操纵而损坏。这种现象称为声障。1947 年 10 月 14 日，美国贝尔 X–1 火箭试验研究机在 12800 米高空达到 1078 千米 / 时的速度（马赫数为 1.015），首次突破了声障。美国 F–102 战斗机在 1954 年 1 月试飞时，由于跨声速时波阻过大而未超过声速，随后采用跨声速面积律和其他措施，其改型 F–102A 顺利地超过

美国 X–1 火箭试验研究机

声速。

喷气飞机的诞生和突破声障，是航空发展史上的第三次重大突破，从此飞机进入了超声速飞行的领域。

20世纪50年代,喷气战斗机的速度提高到声速的两倍。美国“星”式F–104、“鬼怪”式F–4和苏联米格21等战斗机都达到了这样的速度。60年代美国和苏联发展了3倍声速的军用飞机。飞机在高空持续以3倍声速飞行，空气动力加热严重，出现了热障问题。速度超过马赫数2.2进入热障的飞机，由于使用效能与技术代价的平衡问题，在20世纪最后20多年并未有很大的发展。

1982年，美国空军接受了第一架F117隐形战机，是第一种可以用于实战的隐形飞机。以后，隐形性能成为第四代军用作战飞机突出的技术特点。

在民用航空方面，喷气式民航机提高了民航机的速度近2倍，而且使飞行高度提高到11千米左右。喷气民航机成为了民航运输的主力。它的发展改变了交通运输的结构，使空运成本下降很多。空运规模因此迅速扩大，形成了遍及全世界的航线网。

20世纪60年代飞机开始使用计算机、捷联式惯性导航和塔康导航系统、机载脉冲多普勒雷达、飞机飞行自动控制系统等，将飞机的通信、导航、自动控制、电子对抗、目标截获识别和跟踪、全天候飞行等方面的性能提高到新的水平。70年代出现了综合机载电子系统。1988年欧洲空客A320交付航线使用，将电子计算机引入飞机的仪表及操纵系统，给飞机的驾驶和空气动力布局带来新的变化。

[二、航天史]

遨游太空是人类自古就有的愿望。古代火箭的发展、16世纪以来科技的进步、现代工业兴起使人类得以从幻想转向科学探索。19世纪末20世纪初，在一些工业较发达的国家出现了一批航天先驱者。他们开始研究和解决航天的科学理论和工程技术问题。经过半个世纪的努力，人类终于把人造地球卫星送入太空，开创了航天纪元。航天活动促进了国民经济发展和科技进步，对人类社会生活也产生了深远影响。

凡尔纳《从地球到月球》封面

从幻想到科学——克服地球引力的努力

16 ~ 17 世纪的科学革命改变了当时人们对宇宙的认识。行星运动三定律、向心力定律、万有引力定律和三大运动定律的发现促使经典力学诞生。从此经典力学，特别是天体力学成为航天先驱者寻求克服地球引力而进入太空的途径的理论基础。另一方面，17 世纪以来关于太空飞行的科学幻想小说在科学的基础上加上合理演绎和设想，虚幻之中寓有合理的思路，唤起了人们对航天的兴趣，使航天爱好者得到了启发和鼓舞。19 世纪后期到 20 世纪初，涌现出许多富于探索精神的航天先驱者。他们对航天事业的早期发展做出了重大贡献，其中影响最大的是齐奥尔科夫斯基、戈达德和奥伯特。

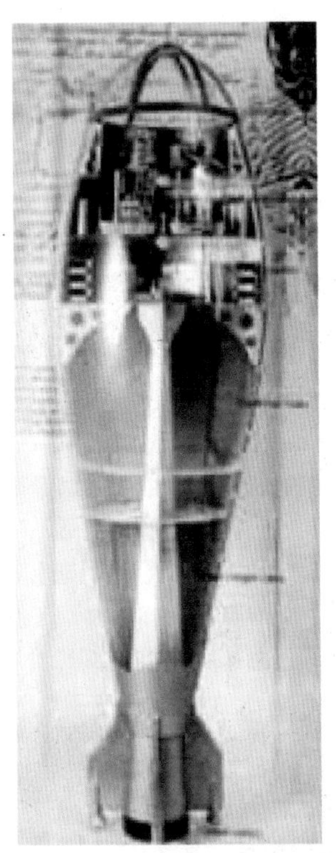

齐奥尔科夫斯基 1903 年设想的飞船模型

古代火箭约在 12 世纪出现于中国，后传入欧洲，为现代火箭的发展奠定了基础。俄国的齐奥尔科夫斯基最早从理论上证明用多级火箭可以克服地球引力而进入太空。他建立了火箭运动的基本数学方程，奠定了航天学的基础。齐奥尔科夫斯基的另一重要贡献是肯定了液体火箭发动机是航天器最适宜的动力装置，为运载器的发展指出了正确的方向。美国的戈达德把航天理论与火箭技术相结合。他在 1919 年出版的《到达极大高度的方法》论文中提出了火箭飞行的数学原

戈达德和他在1926年研制成功的液体火箭

理，指出火箭必须具有7.9公里/秒的速度才能克服地球引力。他从1921年开始研制液体火箭并试验成功，是液体火箭的实际创始人。1923年，德国的奥伯特出版了《飞往星际空间的火箭》一书，论述火箭飞行的数学理论，并提出许多关于火箭结构和飞行的新观念。奥伯特的理论受到了广泛注意，激起当时许多青年进行实践的迫切愿望。在许多国家开始出现火箭和航天爱好者的研究组织，这些组织中的不少成员后来都成为本国研制第一代火箭的领导人。

20世纪30年代，德国人对于尚处在萌芽状态的火箭的军事潜力寄予希望。德国青年专家布劳恩领导的研究小组设计的液体火箭采用了再生冷却式燃烧室和燃气舵等新技术。1936年，德国陆军研制的V-2弹道导弹是在布劳恩小组的A-3试验火箭基础上改进而成的。V-2导弹于1942年10月首次发射成功，飞行180公里。它是历史上的第一枚弹道导弹。V-2在工程上实现了20世纪初航天先驱者的技术设想，是人类拥有的第一件向地球引力挑战的工具，对现代大型火箭的发展起了继往开来的作用，成为航天发展史上的一个重要的里程碑。

V-2发射成功

航天新纪元——人造卫星与深空探测　第二次世界大战结束后，苏联和美国都通过仿制德国V-2火箭建立了火箭和导弹工业，并且积累了研制现代火箭系统的经验。一些科学家已经看到，在V-2技术成果的基础上有可能发射人造地球卫星，而借助载有仪器设备的卫星可以更有效地开展空间科学研究工作。1946年，美国决定将V-2作为发展新型导弹的试验工具和研究高层大气的探空火箭。1954年，美国和苏联都开始着手人造卫星及其运载火箭的方案探索工作。在美国，海军建议在“海盗”号探空火箭的基础上加上两级固体火箭组成“先锋”号运载火箭发射“先锋”号卫星，美国政府在1955年决定采用该方案，并计划在1957年10月发射卫星。但“先锋”号火箭在1957年9月的首次试射中没有获得成功。1956年末，苏联获悉美国运载火箭已进行飞行试验，而苏联正在研制的人造卫星因技术较复杂，短期内难以完成。为了赶在美国之前发射卫星，苏联决定将原计划确定研制的卫星暂时推迟，改为先发射两颗简易卫星。1957年8月21日，苏联P-7洲际导弹首次全程试射成功，同年10月4日，苏联用几枚P-7导弹改装成的“卫星”号运载火箭把世界上第一颗人造地球卫星送入太空。这颗卫星正常工作了3个月左右，成为第一个被人类送入太空的航天器，实现了人类千百年来的梦想。这颗卫星的发射成功开创了人类的航天纪元。苏联第一颗人造地球卫星的发射成功在国际上产生了巨大的影响，对许多国家的运载火箭和航天器研制工作起到了积极的推动作用。从60年代中期开始，人造卫星的发展已从探索试验阶段进入实用阶段。各种应用卫星相继投入使用，取得明显的军事、经济和社会效益。

苏联1957年10月4日发射的“人造地球卫星”1号

除人造卫星外，人类进入太空的前奏是对空间进行广泛的探测，采用的手段就是空间探测器。空间探测很自然地是由近及远进行的，从地球自己的卫星——月球开始，进一步便是太阳系的各个行星及其卫星，最后再飞出太阳系，深入到遥远的恒星际空间进行探测。

20世纪50年代后期，苏联和美国都制定了用无人探测器考察月球的计划。1959年苏联以拍摄月球背面图像为目标，先后发射了3个月球探测器，其中第三个探测器成功实现拍摄月背照片并向苏联地球站返回图像，月球背面的面貌从此为人类所了解。1963 ~ 1976 年是苏联实施月球考察计划的第二个阶段。在此期间苏联共发射21个“月球”号探测器。最重要的成果是实现月面软着陆、钻孔取样，将月球土壤和岩石样品带回地球，以及由地面遥控月球车在月面自动行驶考察等。美国早期的月球探测器是“先驱者”号探测器，从 1958 年开始发射。前 3 个都因未达到预定速度而失败，第 4 个虽然发射成功，但飞行轨道离月球很远，未发回重要信息。此后，美国把对月球探测的第二个阶段计划与“阿波罗”载人登月计划结合起来。

行星探测可分为内行星（水星、金星、火星）探测和外行星（木星、土星、天王星、海王星）探测两类。内行星探测从 20 世纪 60 年代初开始。在 60 年代，苏联多次发射金星探测器，但均无重要收获。美国在 1962 年 8 月 26 日发射“水手”2 号金星探测器，科学家通过测量它因金星引力而产生的轨道偏差，首次准确地计算出金星的质量。从 20 世纪 70 年代开始苏联和美国的金星探测进入第二个阶段，在金星表面软着陆成功，并获得金星全景遥测照片和多种测量数据。苏联、美国对火星、水星亦进行了一系列探测。其中关于火星的探测结果表明，飞船着陆点附近未发现地球类型的生命形式。外行星探测是从 20 世纪 70 年代初开始的。它比内行星探测的飞行距离远，探测器飞行时间长达数年，必须有大功率无线电发射机和大的发射天线才能使发回的信号在达到地球表面时仍有一定的强度。其次，在离太阳遥远的空间已不可能利用太阳能电池，只能用核电源。美国发射的外行星探测器有“先驱者”10、11 号，“旅行者”1、2 号等。20 世纪 70 ~ 80 年代的空间探测成果无论从航天技术水平还是空间天文观测成果来看，都是重大的历史性成就。

人进入太空　载人航天是航天技术发展的一个新阶段。实现载人航天需要解决的主要问题是：研制出高度可靠而推力又足够大的运载工具；获得关于空间飞行环境的足够信息，对人所能承受的极限环境条件做出正确的判断；研制出能确保航天员生活、工作和安全飞行的生命保障系统和救生系统；能对飞行中的航天员的器官功能和健康进行监测；研制出航天器的人工驾驶和自动控制系统；使地面与航天员之间保持可靠的不间断的通信联系；掌握航天器再入大气层和安全返回的技术。早在20世纪40年代末，人们就把一些生物装入探空火箭进行试验。20世纪50年代后期，出现了携带动物的人造卫星，对生命保障系统、回收技术、遥测、遥控、通信技术等进行了全面试验。科学家们对获得的空间环境数据加以处理后发现，过去对微流星的危害估计偏高，存在辐射带的空间也是有限的，从而肯定了人进入太空的可行性。苏联在发射了5艘不载人的卫星式飞船后，于1961年4月12日用“东方”号运载火箭成功地发射了世界上第一艘载人飞船“东方”1号，使加加林成为世界上第一个进入太空的人，从而开辟了人类航天的道路。

人踏上月球是载人航天活动的新高峰。美国为了加强航天活动，于1958年将航空咨询委员会改组为美国国家航空航天局，并做出两项具有战略意义的决定：第一是立即为载人的“水星”计划选调航天员；第二是优先发展巨大推力的F-1发动机。1961年5月25日，美国总统肯尼迪向国会提出在60年代末将人送上月球的“阿波罗”工程。在国家航空航天局严格而科学的管理下，经过几十万人8年多的工作，1969年7月20日由航天员阿姆斯特朗和奥尔德林驾驶的“阿波罗”11号飞船的登月舱降落在月球赤道附近的静海区。这是一次震动全球的壮举，也是世界航天史上具有重大历史意义的成就。此后，“阿波罗”12、14、15、16、17号相继登月成功，对月球进行了广泛的考察。“阿波罗”工程集中体现了现代科学技术的水平，推动了航天技术的迅速发展。

航天员太空行走

1975年苏联、美国的载人飞船在地球轨道上交会和对接并进行联合飞行，是载人航天活动的一个重要事件。1969年，两国商定在载人航天方面进行一次有效的合作。经过几年的努力，为实现飞船对接和联合飞行所需要解决的测距方法与交会系统、对接机构、通信与飞行控制、生命保障和舱内环境条件等问题都获得解决。1975年7月15日，苏联发射“联盟”19号飞船。飞船做了两次机动变轨后进入225公里高的圆形轨道。在“联盟”号飞船起飞后7小时30分，美国发射“阿波罗”18号飞船进入与“联盟”号飞船相同的轨道。在“阿波罗”号飞船飞行到29圈，“联盟”号飞船飞行到36圈时，两船开始对接并联合飞行2天。两国航天员经由过渡段进行了互访。飞船空间对接成功，为后续建立可长期工作的航天站，以便进一步开发和利用太空打下了基础。

“联盟”号和“阿波罗”号飞船对接

航天飞机出现　运载火箭将人造卫星、空间探测器、载人飞船、航天站等航天器送入轨道后，就被遗弃在太空直至坠入大气层焚毁，这是航天活动耗费巨大的一个重要原因。60年代各种航天器发射频繁，降低单位有效载荷的发射费用就显得日益重要。为了降低费用，提高效益，一些科学家提出了研制能多次使用的航天飞机的设想。美国、苏联、法国、日本、英国等国都曾对航天飞机的方案做过探索性研究工作。在这些国家中，美国最早开始研制航天飞机并将其投入商业性飞行。航天飞机兼有运载火箭、载人航天器和高性能飞机的多重特性。它提高了航天活动的经济效益，使航天技术的发展进入了一个更高的阶段。

第十章　文明的浪潮——科技革命

[一、科学技术革命]

科学革命与技术革命为现代文明的诞生奠定了基础。科学革命是人类认识领域中的革命。技术革命则意味着劳动手段的突破、生产力的飞跃，以及人的体力和智力的解放，甚至深刻改变一个国家乃至世界经济的面貌。

科学革命　科学革命是科学事实的发现和科学理论的建立所导致的科学知识体系的根本变革，常表现为学科发展历程中的断裂和飞跃，以及新旧基本定律、理论的转换。科学革命的实质是人类认识的飞跃，是人们科学世界观的重大转换。具体说科学革命既是具体科学理论体系的更迭，也是人们科学思维方式的变革；既是人们对某学科领域认识水准的大提升，同时确立起一些新认识论和方法论的准则；既深刻地改变了人们所认识的世界，亦极大地拓展了人们认识自然和自身的空间。也就是说，在科学革命的前后，人们所观察到世界图景是很不相同的；科学革命所创建的科学理论，是奠定新的世界图景的基础，亦是确立新的思维方式的基础。一定的世界图景与其相应的思维方式是密不可分的：牛顿力学的微粒图景与机械论思维方式不可分；热力学的能量图景与守恒循环的思想不可分；生物进化论的图景与演化的自然观不可分；相对论和量子力学基础上的宇宙演化图景与不确定性、生成论的思维方式不可分。因此，重大的科学革命也总是成为新的自然观的理论起点，成为整个时代的新思维方式、人类哲学思想的新源泉。

科学发展过程中常会出现一些反常现象，当一系列反常现象汇集在一起并使现有的科学理论面临重大困难时，人们对现有科学理论的信任便产生危机，这被称为科学危机。此时，原有的科学概念、理论体系、思维方式、研究方法等在危机期普遍失灵。这些反常和危机，促使研究者产生怀疑，萌发新的思维方式，从而促使新理论体系和研究方法的诞生，进而形成科学革命。因此，科学的发展一般要经历常规期、反常期、危机期、革命期。革命期后则产生的新的常规期，形成新的一轮发展周期。所以，科学危机常常是科学革命的前夕。

科学革命的内容是新科学概念、新定律、新理论体系、新研究方法的全面确立，替代传统的概念、定律、理论和方法，并解决大部分反常现象，使该领域的学者获得一套全新的处理和思考问题的理论工具。如16世纪的天文学革命，哥白尼的“日心说”取代托勒玫的“地心说”；20世纪的地学革命，板块构造学说替代地槽地台学说。科学革命起自1543年哥白尼《天体运行论》和维萨里《人体构造论》的发表。其中学科一级的科学革命有：16世纪以哥白尼日心说为标志的天文学革命；17世纪以牛顿力学为代表的物理学革命；18世纪以拉瓦锡燃烧说为标志的化学革命；19世纪以达尔文的进化论为代表的生物学革命；20世纪以量子力学和相对论为代表的物理学革命，以大陆漂移说和板块构造说为标志的地学革命，以DNA双螺旋模型即脱氧核糖核酸双螺旋学说为代表的生物学革命。整个科学的科学革命现一般认为自1543年以来发生了三次：第一次科学革命为16、17世纪近代科学的产生，起自哥白尼日心说，终于牛顿力学；第二次科学革命发生于18世纪末和19世纪，包括拉瓦锡启动的化学革命，以后的热力学定律、电磁场理论、电子论，19 世纪三大科学发现（能量守恒定律、细胞学说、进化论）；第三次科学革命是20世纪现代科学的诞生,起自量子力学、相对论,包括板块构造说、DNA 双螺旋说、老三论（系统论、控制论、信息论）和新三论（突变论、协同论、耗散结构论）等。

科学革命的作用和影响是多方面的，主要是：①科学发展的动力，促使科学跃进性发展。在常规期科学是渐进性发展，危机期科学是缓慢乃至停滞性发展，革命期科学是跃进性发展。②技术发展的基础，促使技术飞速发展。在近代科学产生之前，技术的发展主要依靠经验的积累，发展缓慢；近现代科学诞生后，在科学理论指导下技术加速发展，科学愈发达，技术就愈发展，在科学革命时期或以后技术就飞速发展。③促进人类哲学观的更迭。有些科学革命（哥白尼日心说、牛顿力学、达尔文进化论、20 世纪初的量子力学和相对论等）影响十分广泛，不但重新塑造了本学科理论体系，波及其他学科的解释模式和思维方式，而且影响到整个时代的哲学精神。如达尔文进化论把上帝创造观更迭为自然进化观。④影响社会变革。如第一次科学革命后，科学与哲学相结合，引发启蒙时代和法国大革命；科学与实践相结合，产生英国产业革命。⑤促进社会生产力的大发展。每次科学革命，都直接地或间接地成为技术创新的先导，如法拉第和麦克斯韦的电磁场理论、洛伦兹的电子论，促使电力技术、电信技术应运而生；道尔顿和阿伏伽德罗的原子 – 分子学说，促使化学合成技术和物理化学技术随之兴起。

技术革命　技术革命是技术发展中具有飞跃性质变的重大变革，表现为生产工具和方法、工艺过程方面的重大变革。技术革命的特点是：①在技术原理、技术规则和技术手段等方面，产生重大的新的发明和突破。②引起总体技术结构的变化，对技术发展起了强大的连锁反应式的推动作用。③在技术发展史上成为划时代的重大事件和标志。④形成新的现实生产力，改变着人类经济、生活的内容和形式，并成为新的产业革命和经济大发展的前提和基础。技术革命的作用是改变劳动的条件、性质和内容，改变生产力的结构，导致劳动生产率迅速提高。同时技术革命也是人摆脱繁重体力劳动、在生产中的地位得到提高的过程。

技术革命包括下述内容：

①石器利用与制造。古人类学研究表明，石器工具的出现是人类演化史上具有决定意义的一步，标志着人类自此告别动物界，开始新的纪元；促使人脑演化，思维自此产生。人类社会今天的一切都源于这一“技术”基础的奠定。

②火的利用与制造。人类对火的利用很早，距今 100 多万年已开始，但那是对自然火的利用和控制。人类能够制造火则较晚，为旧石器晚期。最早制造火的方法是钻木取火，或击石取火。火被用来照明、取暖和驱逐野兽，使人类在比较寒冷的地区也能生活；把生东西煮熟，大大地扩展了人类选择食物的范围，促进正在形成中的人的体力和独立性，更使人脑得到比过去丰富得多的营养，思维得到前所未有的发展和巩固；制陶等技术也伴随火的利用而出现。

③农业革命，即农业技术的出现和形成。人类最初依靠狩猎和采集野生植物维持生活，新石器早期开始对动物的驯养，并把野生植物经过一定时期的栽培变成农作物。农业技术在作物栽培、动物驯养中形成，使人们由迁徙不定的游牧生活变为定居的农业生活，生产力得到极大的发展和提高，引发人类社会发展的第一次大转折。

④工业革命，即工业技术的重大突破。它的标志是蒸汽机这一动力机械的发明和制造成功。蒸汽机的发明不仅克服了以往使用风力、水力和畜力的局限性，可以到处使用；而且，功力远比利用其他自然力的功力要大得多，能带动各种机器运转。于是，大机器的生产技术和专业化、社会化的生产体制产生，这就是 18 世纪从英国开始的产业革命。产业革命导致形成新型的生产关系和新技术体系构成。这次技术革命中又可分为两个阶段：一是以瓦

瓦特发明蒸汽机

特在前人研制和实践基础上成功地对蒸汽机作了重大改进为标志，所引发的以纺织工业为主体的工业技术革命阶段；另一是以 1860 年英国贝塞麦建成大型钢厂实现钢铁生产工业化为起点的钢铁、化工、电力等重工业为代表的技术革命（另一种说法以 1879 年爱迪生发明的电照明技术为标志），并成为近代技术的起点。

⑤信息革命，即以微电子技术为基础的信息技术得到新的发展和广泛运用。自第二次世界大战后开始，以微电子技术为基础的信息技术，在整个商品经济中逐渐占据较大的比重。在这场技术革命中，具有代表性的是计算机硬件和软件技术的开发、虚拟网络的开发和应用、生物技术（农业和医药）上的研发和应用等。其主要特点：一是整个社会由于信息网络的出现而形成一个大系统，任何一个人的生产、生活都广泛地与社会联系在一起；二是人们用于获得知识、技能和艺术修养方面的资金，占总支出的比例（信息系数）越来越大；三是信息行业越来越多，产值越来越大；四是朝着社会控制技术的方向发展，有利于社会和生态，为无生命的环境输入智慧，为技术的人性化奠定基础。

自一个半世纪前所开始的近代技术，决定性地改变了科学的命运，使科学与技术紧密相连。现代科学离不开技术上的变革，而现代技术也离不开科学上的变革。现代科学技术形成了电子技术、原子技术、分子设计技术、材料合成技术、空间技术、生物工程技术、自动化技术、电子计算机、激光技术、信息技术等，这些技术的广泛传播和运用，构成现代技术的基本内容，创造了现代人的社会生活面貌。

[二、欧洲工业革命]

欧洲工业革命是欧洲以机器生产为基础的工厂制大工业代替以手工技术为基础的工场手工业的过程，始于 18 世纪 60 ～ 70 年代，结束于 19 世纪末。

工业革命又称产业革命，它既是生产技术上的革命，又是社会生产关系的重大变革。英国最早具备产生工业革命的条件。17 世纪和 18 世纪，英国的工场手工业在棉织、采矿、冶金、制盐、玻璃等行业中迅速兴起。工场手工业内部分工也同时发展起来，生产技术不断改进。劳动工具日趋专门化，为过渡到大机器生产准备了物质技术条件。英国资产阶级革命的胜利，为工业革命提供了有利的政治条件。18 世纪 30 年代，唐森德子爵把三叶草和芜菁引入大田，改三田轮作制为四田轮作制，开始农业革命。农业家贝克韦尔培养出新莱斯特羊，开改良牲畜之风。1760 年以后的 4000 多个议会圈地法实施后圈占土地约 900 万英亩，使农业纳入资本主义轨道。18 世纪中叶英国国内市场、殖民地市场以及国外市场的扩大，刺激了棉纺织业的发展。水陆交通明显改善，使工农业产品和原料的运输变得方便快捷，促进了商业繁荣，加快了资本的积累。

18 世纪 60 年代，英国工业革命首先从棉纺织业开始。1733 年凯伊发明飞梭，提高织布效率一倍。1764 年哈格里夫斯发明珍妮纺纱机。1769 年，阿克赖特发明水力纺纱机，1771 年在克隆福特创办第一个棉纺厂。克朗普顿于 1779 年发明骡机。1769 年，瓦特发明蒸汽机，取得划时代的技术成就，开始以机器动力取代自然力和人力的过程。1776 年制成单动式蒸汽机，1782 年又制成复动式蒸汽机。1785 年棉纺厂开始使用蒸汽机作动力。1789 年蒸汽机开始应用于棉织业。工业革命后，蒸汽机逐步扩展到化工、冶金、采矿、机器制造、运输等部门。化工工业得到迅速的发展。硫酸、漂白剂、盐酸、苏打的发明适用于纺织、玻璃、肥皂等行业的需要。18 世纪 20 年代马斯普拉特等在利物浦建立生产苏打的工厂。法拉第发明制造氯化碳的新法，奠定了兰开夏郡和柴郡化工工业的基础。对法战争以后的年代是英国化工工业的黄金时代。

在工业革命的推动下，采煤业迅速发展。在矿井中，普遍使用蒸汽抽水机。1790 年煤产量达 760 万吨。1820 年卷扬机代替人工背运，煤产量迅速增长，英国成为欧洲最大产煤国。

1786 年以后，蒸汽机的制造带来了冶铁业的繁荣；对法战争的军火需求扩大

英国工业革命时期的一座煤矿

了冶铁业。战后工业革命开始进入钢铁冶炼和机器制造大发展的阶段。1825 年议会取消部分机器出口禁令后，更刺激了机器生产。1828 年尼尔森发明用鼓风炉把热空气吹进熔铁炉的新法，完成冶铁技术的改革。在机器制造上，1789 年莫兹利发明车床，1838 年内史密斯发明汽锤。刨床、铣床、钻床等工作母机也相继发明出来。到 19 世纪 40 年代，机器制造本身已基本实现机械化。

此时，在重要的工业部门机器大工业已代替家庭手工业和工场手工业。1835 年英国棉纺织业已有 23.7 万工人；毛纺织厂已达 1300 个，工人 7.1 万人。

生产的增长，国内市场的扩大，对交通运输部门提出新的要求。火车的发明从根本上解决了陆上交通问题。1825 年，世界第一条铁路斯托克顿—达灵顿铁路通车；1830 年，利物浦和曼彻斯特用铁路连接起来。到 50 年代，英国的主要铁路干线均已完成。19 世纪上半叶，虽然帆船在远洋航行上还处于极盛时代，但 1807 年将蒸汽机用于推动船舶的试验已取得成功。1818 年在多佛和加来间已有轮渡。1838 年蒸汽轮船“阿斯”号和“大西洋”号横渡大西洋成功。

英国工业革命到 19 世纪 40 年代基本完成。工业革命给英国带来深刻的社会

斯蒂芬森的“火箭”号机车

变化：①在工业革命过程中，英国从农业国发展为工业国，为英国成为世界工厂奠定基础。②阶级结构发生变化，出现无产阶级和资产阶级两个对立阶级，在宪章运动中，无产阶级显示了自己的力量。③人口分布随经济重心的改变而发生变化，从东南部转到英格兰北部，伯明翰－利物浦－赫尔三角地带成为人口最稠密的区域，除伦敦外，英格兰所有大城市均在此地区内。④工业进一步集中，且在集中区内还有分工，如毛纺织业不但已集中于约克郡的西区，且在此区内毛纺业集中于布雷德福和哈德兹菲尔德，呢绒业集中于利兹，而再生呢绒则集中于杜斯伯里。

与英国比较，欧洲大陆上工业革命特点为：①除德国、法国、丹麦、瑞典部分地区发生类似英国的圈地运动外，都没有出现这种运动；易北河以东、西班牙和意大利南部大地产占优势（都存在农奴制残余）。除此之外，其他地区主要是资本主义性质的农场和集约化的家庭农场起着重要作用。②国家干预程度较大，尤以重工业和机器制造业为甚。③铁路修筑速度较快，对工业革命起了带动作用。

西欧大陆最早发生及完成工业革命的是比利时。这里农奴制消失较早，有发达的农业和传统的纺织业。拿破仑一世占领时期开始冶铁业技术革命。到40年代比利时工业革命已完成，其机器能与英国竞争。法国在18世纪末开始资产阶级革命后，通过统一度量衡和关税来统一国内市场。波旁王朝复辟时期工业革命业已开始，七月王朝时工业革命进入极盛时代。1830 ~ 1860年间，法国工业发展速度超过英国，但绝对数字仍少于后者。法国工业只集中在几个地区，人口流动没有英国明显，而农业在法国国民生产中的比重一直相当大。到19世纪60年代后期，法国工业革命已经完成。德国工业革命在19世纪40年代末期大为发展。19世纪50 ~ 60年代德国工业发展速度超过英、法。重视重工业是德国工业革命的突出特点。1871年前的煤、铁、钢产量都已超过法国，只有蒸汽机的使用还落在后面。1871年德意志帝国成立后很重视利用最新科学成就，最突出的是电器工业和化工工业。19世纪80年代德国完成工业革命。

德国克虏伯铸钢厂

19世纪30年代，俄国工场手工业达到相当规模，大商人、包买商、富农和一部分经营商品化农业和工场手工业的地主贵族积累大量资本，国内外市场进一步扩大，俄国工业革命的条件基本形成。俄国工业革命中，铁路在各个阶段都起到带动作用。1861年以前，工业对全国影响甚小，7400万人口中只有76万工人，但颇为集中。19世纪60年代铁路从莫斯科辐射出去，连结中部9省主要城市。英、法资本投资于采煤业、冶铁业，生产供全国使用的铁轨。1887年有铁路30132千米。全国1.13亿人中有132万工人。1887年以后，工业发展速度加快。农村在19世纪90年代已成为工业品稳定的销售市场。到19世纪末，俄国的工业革命已经完成。

此外，中欧如波兰、波希米亚（捷克），南欧如米兰、加泰罗尼亚等地区，到19世纪末都已具有相当规模的工业，在不同程度上完成了工业革命。

[三、日本工业革命]

日本工业革命是指19世纪70年代到20世纪初，日本机器大工业代替工场手工业和资本主义制度确立的历史过程，亦称日本产业革命。

日本是在特殊的历史条件下进入资本主义阶段和开始产业革命的。当它1868年建立明治政权跨入资本主义门槛时，欧美先进国家已经完成了产业革命，并开始从自由资本主义向垄断资本主义过渡。为了避免沦为欧美国家的殖民地、半殖民地，日本在明治维新中，提出了“富国强兵”“殖产兴业”“文明开化”的目标。在改革落后的封建制度同时，从增强军事力量和培植资本主义经济出发，在1868 ~ 1885年间，在接收幕府和各藩经营的军工厂和矿山的基础上，引进英国等西方先进国家的技术设备，聘用外国专家和技术人员，建设了一批兵工厂、采矿场，以及以生产纺织品、水泥、玻璃、火柴为主的民用“模范工厂”。这批官营工厂企业的建立标志着日本产业革命的开始。

进入19世纪80年代以后，明治维新各项重要改革陆续完成，政局日趋稳定，并在1880 ~ 1885年整顿了货币，稳定了通货，为集中力量发展经济，大规模地输入外国技术设备，促进私人向工矿业投资创造了有利条件。以1880年后明治政府廉价地向私人转让官营模范工厂为契机，出现了私人创办和经营近代企业的高潮，产业革命进入了迅速展开的新阶段。1884 ~ 1893年的10年间，工业公司的资本增加了14.5倍。1893年拥有10个工人以上的工厂已达3019家，其中使用机械动力的675家，职工38万人，产业革命已逐渐扩展到一切主要工业部门。其重点也从过去以官营军事工厂为中心的重工业转移到以私营纺织业为中心的轻工业。1885 ~ 1894年，纱锭增加5.8倍。到1890年，日本就从棉纺织品进口国变成了棉纱出口国。但是，日本资本主义工业的发展一开始就没有稳固基础。发展工业的资金来源，大部分靠农民缴纳的地租和地税，进口机器设备主要靠出口生丝的收入，工业品市场也主要靠占人口70%的农民。而农业是沿着半封建的小农经营的道路发展的，广大农民在高额地租和地税的压榨下，生产和生活水平都极为低下。主要来自农村的工人工资也极低，并受着封建性盘剥。落后的农业、狭小的国内市场同迅速发展着的大工业之间的尖锐矛盾，使刚刚发展起来的纺织工业在1890年就陷入了生产过剩危机。

明治时期，为了转移国内矛盾和进行对外掠夺，日本走上了对外侵略的道路。1894年7月25日未经宣战发动了侵华战争——甲午战争，迫使中国清政府与之订立了《马关条约》。这次战争是日本由被压迫国家变为压迫别国的国家的转折点，也是日本产业革命进入完成阶段的转折点。战争中比战前高出两倍的军事开支，使资本家得到大批军事订货，积累了巨额资本。战后日本靠从中国索取的巨额赔款作基金，在1897年10月实行了金本位制，提高了日本的金融地位，并利用战争赔款大规模加强陆海军建设，扩建铁路网，极大地推动了私人资本的发展；同时，战争也使日本独霸了朝鲜市场，夺占了部分中国市场，扩大了日本商品的销路。因此，以甲午战争为起点，日本再次出现了投资热，工业、交通运输业以及金融贸易，都获得了大发展。到1898年，纱锭突破了100万支，机器纺纱占了绝对优势，日本进入了世界纺织工业发达国家的行列。在军事工业带动下，重工业也开始改变面貌。1897年开始动工兴建的最大钢铁厂——八幡制铁所，于1901年投产，使日本迈出了钢铁自给的第一步。20世纪初煤产量自给有余，1905年已有260万吨出口。以钢铁工业和采煤工业的发展为基础，造船、铁路和航运发展很快。1898年，三菱的长崎造船所建造了6172吨的大型轮船“常陆丸”，接近当时世界领先水平。这一年日本建造轮船总吨位达到10万吨，进入造船大国行列。日本跨入20世纪时，近代工业主要部门都已建立，大机器生产明显占优势，基本上实现了产业革命。